AF502272

CULTURE

DE LA VIGNE

EN PLEIN CHAMP

SANS ECHALAS NI ATTACHES

ÉVREUX, IMPRIMERIE DE A. HÉRISSEY.

CULTURE
DE LA VIGNE
EN PLEIN CHAMP
SANS ÉCHALAS NI ATTACHES
SUIVIE D'UNE
NOTE SUR LA BRANCHE A FRUIT DU POIRIER ET DU POMMIER

PAR TROUILLET (ÉLOI)

Professeur d'arboriculture et de viticulture
Lauréat, Membre titulaire du Comité d'Agriculture et Correspondant de l'Académie nationale de Paris,
Membre correspondant et titulaire de plusieurs Sociétés horticoles,
Président d'honneur de plusieurs sections d'arboriculture et de viticulture vosgiennes, etc., etc.

Rien, en fait de végétation, sans un bon système radiculaire en rapport avec le système aérien.
Du soin dans la préparation du plant dépend l'avenir de la vigne.

4e ÉDITION REVUE ET AUGMENTÉE
DE TEXTE ET DE DESSINS

A MONTREUIL-AUX-PÊCHES (SEINE), CHEZ L'AUTEUR
RUE CUVE-DU-FOUR, 75, PRÈS L'ÉGLISE

PARIS
LIBRAIRIE CENTRALE D'AGRICULTURE ET DE JARDINAGE
RUE DES ÉCOLES, 82, PRÈS LE MUSÉE DE CLUNY
— Auguste GOIN, éditeur —

1866

AVIS IMPORTANT

AVANT-PROPOS

Lorsqu'en 1852 j'ouvris des cours publics et gratuits de viticulture et d'arboriculture, mon but était de démontrer que la majeure partie des végétaux fruitiers étaient cultivés contrairement aux lois naturelles reconnues et admises par la science contemporaine.

M'appuyant sur les organes de cette science, j'entrepris une réforme doublement difficile, parce que, d'une part, les hommes d'étude ne cultivent point, et que, d'autre part, les praticiens étudient peu.

Mais, persuadé dès lors qu'en persistant dans les vieux errements on ne pouvait obtenir de succès dignes d'être comparés à ceux que donnerait une pratique basée sur la science, je me mis résolûment à l'œuvre. Dès le début, j'obtins de cette réforme des résultats inconnus qui me valurent des félicitations innombrables ; mais lorsque les succès firent un peu de bruit, je ne tardai pas à me voir battre en brèche sourdement. Aujourd'hui encore il est convenu, pour tel mandarin plus ou moins officiel, que je n'ai rien fait de nouveau. J'ai laissé parler les détracteurs, confiant dans la force de la vérité, et aujourd'hui la vérité me rend témoignage par la voix de tous ceux qui ont comparé ma méthode à toutes les autres.

J'ai laissé parler beaucoup de ces hommes qui ont émis publiquement la prétention d'avoir fait des découvertes en viticulture et en arboriculture, sans s'être même donné la peine de chercher à pénétrer les mystères de la fructification de la vigne et des arbres fruitiers. Malgré tout ce qu'ils peuvent dire, il est avéré que, par une série de déductions, j'ai posé les principes qui sont devenus la seule base du progrès viticole et arboricole, relativement aux sujets formés par bouture. Qu'on montre mes principes décrits avant moi et avec des dessins semblables aux miens, qu'on me montre un ouvrage réunissant sous le même jour que le mien l'ensemble des faits relatifs à la viticulture et à l'arboriculture, et je m'inclinerai devant mes contradicteurs.

Depuis longtemps je travaille à plusieurs remarques pratiques que l'on trouvera consignées dans cette édition entièrement refondue ; mais comme je considère toujours la viticulture au même point de vue qu'en 1862, je crois devoir laisser subsister dans cette édition l'avant-propos de la troisième, dont je recommande la lecture.

AVANT-PROPOS

DE LA TROISIÈME ÉDITION

La culture de la vigne grandit chaque jour en importance ; il est vrai de dire qu'aujourd'hui chaque propriétaire dirige ou observe lui-même les travaux de ce végétal qui, autrefois, étaient laissés aux mains de vignerons plus ou moins capables.

Lorsque, en mars 1856, je publiai la première édition de mon ouvrage sur la *Culture de la Vigne*, je fus attaqué par la critique ; je répondis par des faits, et aujourd'hui ma méthode a gagné assez de terrain pour que chacun veuille en essayer, et déjà les résultats obtenus dans nos départements, en Algérie, en Italie et en Espagne, me sont un sûr garant que ses progrès ne s'arrêteront pas.

Cependant, aujourd'hui, des hommes de théorie, plus exercés au maniement de la plume qu'à celui de la serpette, après être venus chez moi faire de l'opposition contre la plantation peu profonde, contre le principe indispensable de bonne conformation de la partie inférieure du plant de vigne, etc,, etc., en sont arrivés à publier les mêmes procédés de plantation qu'ils déclaraient autrefois radicalement mauvais. Seulement, ne pouvant, ou mieux, ne voulant pas paraître me donner raison, ils ont proscrit la crossette pour recommander le chapon ou bouture simple. Leur peu d'études pratiques ne leur a même pas appris quel est l'endroit où l'on doit de préférence prendre sur le sarment le plant chapon, afin d'avoir un diaphragme plus fort et la certitude de plus de racines.

Malgré les avantages que l'on a voulu faire ressortir des plants chapons, je n'en soutiens pas moins que rien n'est tel que les plants en crossettes; et quiconque voudra obtenir un plant vigoureux, de longue durée, donnant beaucoup et de bons produits, n'obtiendra ce résultat que par les plants en crossettes.

Aujourd'hui comme en 1856 (1re édition; 1859, 2e), je dirai : « Réduire les dépenses de la culture de la vigne, en abréger et en simplifier le travail tout en augmentant ses produits, tels sont les problèmes dont j'ai cherché la solution... » Une pratique de dix-huit années et les résultats obtenus par les personnes qui ont suivi mes conseils, dont plusieurs rapports ont été faits au ministre de l'agriculture et à l'Académie des sciences, rapports que l'on trouvera plus loin, me permettent de considérer ces problèmes comme résolus.

Si j'ai vu mes travaux couronnés d'un grand succès, j'en dois d'autant mieux augurer pour l'avenir que la jalousie n'a pas manqué de faire cause commune avec la routine; de plus, l'envie de se faire un nom et de mieux dire que moi a poussé certains écrivains à s'emparer en partie de mes idées, surtout en matière de plantation, et à les enseigner plus ou moins correctement, sans même citer mon nom. Il est vrai que, pour paraître encore diverger d'opinion avec moi, ils ont attaqué, dans les mêmes écrits, ma méthode de rupture (pincement); mais lorsqu'à ma méthode on ne peut opposer que des procédés pratiques barbares, comme j'en ai trouvé dans plusieurs vignobles, entre autres l'avortement, en 1855, de tous les yeux destinés à produire la vendange de 1856; on a beau réussir à accaparer les honneurs et les places, je suis sans crainte sur le triomphe définitif de la vérité. Un jour le public sera forcément détrompé : il saura choisir entre le praticien qui écrit ce qu'il fait et l'écrivain qui forme sa pratique dans le cabinet.

Aujourd'hui, comme en 1856 et en 1859, je prie les propriétaires et les vignerons de bien examiner les ceps qui poussent mal, et donnent de chétifs produits et une végétation dégénérée! Ils reconnaîtront sans peine que la mauvaise conformation des plants, les onglets, les chicots de bois mort, résultant de tailles mal raisonnées, en sont toujours la cause. Ainsi, plus que jamais, je demande un tronc unique et une tige soignée dès le début de sa formation, afin de pouvoir se passer, par la suite, d'échalas et d'attaches. Un cep bien traité doit avoir, après la taille en sec, la forme à peu près régulière d'un arbre nain en gobclet. (*Voir* figure 10.)

Toutes les vignes vieilles ou jeunes, faites ou à

faire, peuvent être amenées à cette forme et y être maintenues; mais, pour procéder avec ordre dans cet exposé, je supposerai la vigne à planter, en suivant une autre marche encore plus terre à terre, si je puis m'exprimer ainsi, que dans mes deux précédentes éditions, comprenant mieux que jamais que je n'écris pas une œuvre littéraire, et qu'un traité de culture doit avant tout être clair et précis.

Copie de l'attestation des autorités de la commune de Montreuil-aux-Pêches (Seine), sur la Nouvelle Culture de la Vigne en plein champ, sans échalas ni attaches, *de* M. Trouillet, *arboriculteur et viticulteur.*

Nous, maire de la commune de Montreuil, certifions qu'à la demande du sieur Éloi Trouillet, demeurant en cette commune, rue Cuve-du-Four, nº 75, nous nous sommes transporté en son jardin, situé rue de l'Orme, également en cette commune, qu'il a porté notre attention sur sa vigne, cultivée par un nouveau mode, sans échalas, par le pincement.

Nous avons reconnu et constaté que presque tous les ceps portent à chaque bourgeon de deux à trois grappes ; peu n'en ont qu'une, et ceux qui ont trois grappes pourraient être considérés comme en ayant quatre, attendu que le premier aileron de la base de beaucoup de grappes est souvent aussi fort qu'une grappe ordinaire.

Enfin, nous avons compté sur plusieurs ceps des grappes variant de *trente à quarante*.

En foi de quoi, et à la requête du sieur Trouillet, nous lui avons délivré le présent, pour valoir ce que de raison.

Montreuil, ce 7 juillet 1855.

Le Maire,

Signé : de Rotrou.

RAPPORT

Fait à l'Académie nationale agricole, manufacturière et commerciale, dans sa séance générale tenue à l'Hôtel-de-Ville de Paris, le 16 janvier 1856,

Par M. Théodore Delbetz,

Secrétaire du Comité d'Agriculture.

La France est un pays essentiellement vinicole. Son vin, justement estimé au-dessus de tout autre, n'a nulle concurrence à redouter sur les marchés du monde entier. Aussi, la culture de la vigne est-elle une des sources les plus fécondes de notre richesse nationale, et les maladies qui frappent cette plante sacrée, comme l'appelait Horace, sont-elles particulièrement funestes à notre patrie. Nous avons écrit, dans notre Rapport sur les ravages de l'*oïdium*, que si le cruel fléau suivait son mouvement progressif, un million de nos concitoyens tomberaient dans la plus horrible misère; car cet arbrisseau précieux disparaîtrait de nos cultures, laissant nos coteaux, naguère si riants et si riches, dans la plus affreuse dévastation. La culture de la vigne occupe en effet, chez nous, une étendue de 2,192,000 hectares, dans le dernier relevé de l'administration des finances, en 1849, et s'étend du 42° au 47° 20" de latitude. Elle est limitée, au nord, par une courbe qui part de l'embouchure de la Loire et qui se dirige vers les rives du Rhin, en passant un peu au nord de Paris et de Soissons, près des 49° 30", où elle atteint son point le plus boréal. Nous ne comptons en France que dix départements entièrement privés de vignes. Dans cinquante-quatre arrondissements, il y a plus du dixième du territoire imposable cultivé en vignes, et dans deux cent vingt-sept, moins du dixième. Les produits, chez le vigneron, s'élevaient, en 1850, à 70,692,000 hectolitres, qui, au prix moyen de 11 fr.

l'hectolitre, donnent le chiffre de 777,612,000 fr. Tel est le produit que l'oïdium, cette autre plaie d'Égypte, menace de réduire à néant !

Nous avons indiqué, dans le rapport précité, les consciencieux efforts de nos honorables collègues pour prévenir la maladie et la détruire. On a constaté, cette année, avec bonheur, que l'oïdium semble battre en retraite ; nous espérons que notre plante favorite en sera bientôt délivrée, grâce au retour d'un climat régulier, de saisons bien nettes, bien tranchées, au lieu d'un perpétuel et pluvieux printemps. Sans doute, dans les dix années qui ont vu se produire les maladies si nombreuses qui ont frappé les végétaux et ont failli faire d'une partie de notre belle France une seconde Irlande par l'oïdium, la chaleur moyenne et les moyennes quantités de pluie ont pu ne pas varier d'une manière sensible ; mais, à coup sûr, ces quantités ont varié dans leur répartition ; tous les agriculteurs l'ont observé, et c'est là, pour nous, la cause occasionnelle de cette irruption d'affections morbides si déplorables qui nous ont menacés dans notre existence agricole.

Plein d'espérance, comme nous, dans les disparitions prochaines de diverses affections pathologiques des végétaux, et en particulier de l'oïdum, dont il combat si bien d'ailleurs les effets par la fleur de soufre, M. Trouillet, de Montreuil, a demandé à l'Académie de vouloir bien nommer une commission, chargée d'apprécier la méthode de taille de la vigne, à l'aide de laquelle il se propose d'augmenter, dans une proportion considérable, les produits de la France viticole. C'est ce procédé, aussi simple que puissant, si précieux, si l'avenir le consacre, que je vais donner au nom de la commission qui s'est transportée à Montreuil, au mois d'octobre dernier, et qui m'a fait l'honneur de me choisir pour son rapporteur.

M. Trouillet taille à deux yeux les coursons du bois de l'année, en ayant soin, quand il opère à l'automne, de laisser au-dessus du deuxième œil tout un mérithalle ou entre-nœud, c'est-à-dire qu'il taille immédiatement au-dessous du troisième œil. Ce long bois, sans l'œil, a pour effet d'empêcher la vigne de pleurer au printemps, à l'époque de l'ascension de la séve, et d'être aussi exposée à la gelée.

Puis, au moment de la végétation, aussitôt que les grappes ont paru, il pince chaque pousse à une feuille, ou deux au plus, au-dessus de la dernière grappe. Dans ce pincement il faut avoir bien soin de n'enlever qu'une bien petite partie de l'extrémité de la pousse, grosse environ comme un grain de blé, et surtout de conserver la feuille, si petite et si tendre encore, qui se trouve tout près et au-dessous du pincement. Ces feuilles, placées au-dessus des grappes et au-dessous du pincement, ont pour mission, on le comprend, d'attirer et de maintenir la séve dans les pousses de l'année qui portent les grappes, et au grand profit de ces grappes. Après cette première opération fondamentale, qui caractérise essentiellement la méthode de taille de M. Trouillet, cet horticulteur laisse la vigne pousser à volonté jusqu'au moment où la fleur paraît. Alors on pratique ce qui s'appelle l'ébourgeonnement ou l'épamprage, opération qui consiste à abattre, comme chacun sait, les pousses inutiles qui fourmillent sur les ceps ou pieds de vignes. Disons, toutefois, qu'en pratiquant cet épamprage notre collègue a bien soin de conserver les pousses qui sont pourvues de grappes bien formées, ayant remarqué que c'est sur ces espèces de faux-bourgeons que se trouvent souvent les plus beaux raisins, sans négliger, bien entendu, de pratiquer sur elles le pincement dont nous venons de parler plus haut.

Quinze jours après l'ébourgeonnement, M. Trouillet pince les faux-bourgeons (ou entre-cœurs, ou sous-œils, suivant la localité), c'est-à-dire les petites ramifications qui se sont développées à l'aisselle des feuilles de la pousse de l'année. Ce pincement se fait à quatre ou cinq feuilles ; on pince également encore le sommet de la pousse de l'année. Cette opération peut se faire sans précautions. Elle fait grossir le raisin en faisant affluer la séve qui se trouve en excès, par suite de la disparition, par le deuxième pincement des parties de rameaux qui l'absorbaient.

Après ce deuxième pincement (en exceptant toutefois les vignes très-vigoureuses, qui exigent quelquefois un troisième pincement, en tout semblable au deuxième), il ne reste plus rien à faire aux vignes jusqu'à ce que le raisin commence à mûrir. Alors, on coupe tous les faux-bourgeons ou entre-cœurs, ou bien sous-œils, au-dessus de la première ou de la deuxième feuille, c'est-à-dire en ne leur laissant qu'une feuille ou deux. Cette opération se fait très-vite avec une bonne serpette. Elle a pour effet de donner de l'air aux raisins, de faire tourner à leur profit une nouvelle et grande quantité de séve, de hâter leur maturité, et de leur donner une qualité supérieure.

Il n'y a plus ensuite qu'à attendre la maturité du raisin et à faire la vendange.

Telle est la méthode de M. Trouillet, simple comme les lois de la nature, mais puissante comme elles.

Voici le résultat de cette taille. Dans les cultures de notre collègue, nous avons constaté que tous les ceps portaient à chaque bourgeon deux ou trois grappes fort belles, dont le premier aileron de plusieurs équivalait à une grappe ordinaire. Nous avons trouvé une moyenne de douze grappes sur chaque cep, et sur un très-grand nombre de pieds le nombre des grappes variait de *trente* à *quarante*. M. de Rotrou, maire de Montreuil, appelé à visiter les vignes de M. Trouillet à la même époque que la commission dont nous faisions partie, a enregistré les mêmes observations dans un procès-verbal, sous forme de certificat, que nous avons sous les yeux (1). Et quand nous parlons grappes de raisin, que les vignerons, rebelles au progrès de leur art, ne croient pas que nous n'ayons jamais vu que les *grapillons* des vignes étiolées de Suresnes et de Puteaux. Enfant d'un pays vinicole par excellence, nous avons passé notre jeunesse au milieu des ceps de vignes de nos pères, excellents vignerons,

(1) Nous avons pu aisément comparer les vignes de M. Trouillet à celles de ses voisins, juxtaposées aux siennes, dans les mêmes conditions de sol et d'exposition : ici très-peu de raisin, là l'abondance.

qui nous ont transmis leur amour du pampre sacré et leur bonne pratique.

D'ailleurs, et pour prouver encore mieux la féconde réalité du progrès que nous constatons dans ce rapport, nous dirons que M. Trouillet a été investi comme professeur de cours dans les départements, et appelé par plusieurs grands propriétaires de vignes à diriger leurs vignobles.

Comme conséquence de sa taille, indépendamment de la multiplication des produits qui en est le point le plus important, M. Trouillet n'a besoin ni d'échalas ni d'attaches d'aucun genre. C'est, on le voit, une économie immense pour les viticulteurs (1). Tous les avantages paraissent donc se trouver réunis dans cette simple méthode de taille ; et nous avons le bonheur de pouvoir dire ici aux esprits assez peu logiques pour contester l'importance immense, la nécessité absolue de la science dans l'agriculture, que le procédé de M. Trouillet est le fruit de la réflexion, de l'observation scientifique. Notre collègue est un homme modeste, mais dont les connaissances en physiologie végétale sont étendues, ainsi que nous avons eu le plaisir de nous en convaincre dans une trop courte conversation de cinq heures, en parcourant ses cultures.

Nous dirons donc, maintenant que nous sommes entrés dans ces détails : « La méthode de M. Trouillet est toute une révolution en viticulture, si elle se vérifie par une longue pratique. » Ce serait une taille économique, puisqu'elle dispense d'échalas et d'attaches ; ce serait le produit de la vigne triplé. Que les droits d'entrée baissent aux portes de nos grandes villes, que l'oïdium disparaisse ou soit aisément combattu, c'est le vin, cet élément de la moelle de l'homme, comme le dit excellemment Homère, mis à la portée de tous, c'est sa multiplication infinie.

---

(1) C'est la taille de la vigne en vase ; les sarments courts et forts, disposés comme les branches d'un pommier paradis, n'ont rien à redouter de l'action des vents et sont assez élevés au-dessus de terre pour que les raisins ne soient point incommodés par le sol détrempé par les pluies.

M. le ministre de l'agriculture et du commerce, par lettre du 9 mai 1855, a promis à M. Trouillet une commission pour examiner sa méthode.

La Société impériale et centrale d'agriculture, par lettre du 13 avril 1855, avait fait la même promesse.

Enfin l'Académie des Sciences, par l'organe de son honorable secrétaire perpétuel M. Flourens, avait annoncé, par lettres des 8 mars, 3 avril et 16 octobre 1855, la nomination d'une commission chargée d'étudier cette même méthode et d'en rendre compte (commission composée de MM. Boussingault, Decaisne et Péligot).

D'où vient que ces trois commissions ont gardé le silence? Pourquoi n'avoir point fait à Montreuil, au moment de la vendange de 1855, la démarche que l'Académie nationale, seule, a cru devoir faire dans l'intérêt de la viticulture?

Il ne nous appartient pas de résoudre cette question..... Nous dirons seulement que, selon nous, M. Trouillet ne méritait pas cette indifférence.

Nous sommes satisfait, nous, de ce que nous avons vu; mais nous ne dissimulons pas que la pratique et le temps, seuls, peuvent donner complétement raison à M. Trouillet.

En attendant, il ne fait point un secret de sa méthode; il la livre, dans un cours suivi à Montreuil-aux-Pêches, aux quatre vents de l'horizon. Encore quelques applications en grand pour en prouver l'infaillibilité, et, assurément, M. Trouillet attirera sur sa découverte, féconde en heureux résultats, l'attention du chef de l'État. Pour nous, nous demandons le renvoi du nom de M. Trouillet au comité des récompenses (1).

---

(1) La culture de la vigne *sans échalas* n'est pas une nouveauté: elle se pratique ainsi dans plusieurs localités du Midi; aussi se méprendrait-on grandement sur l'esprit de notre rapport si l'on pensait que nous attribuons entièrement les succès de M. Trouillet à la suppression des échalas. Cette suppression est une immense économie; mais ce qui distingue surtout la méthode de M. Trouillet, ce sont les opérations faites dans le cours de la végétation.

RAPPORT

Adressé à M. Flourens, secrétaire perpétuel de l'Académie des Sciences. (Section des sciences physiques.)

MONSIEUR,

Un phénomène peut-être unique dans les annales de la viticulture se présente actuellement à Malzéville, lieu dit *en Braye*, près de Nancy (Meurthe) :

Une vigne d'environ 10 ares, plantée à la pique, fin de mai 1859, à 15 centimètres de profondeur, en crossettes et en chapons, longs de 25 à 30 centimètres, taillés, plus tard pincés et traités suivant les indications données par M. Trouillet dans son traité : *Culture de la vigne en plein champ, sans échalas ni attaches*, offre sur les 965 ceps qui la composent, distants d'un mètre, 600 pieds ayant des grappes, dont 100 plus de 5, 17 plus de 8, et un 14. Le plant doit être connu au jardin du Luxembourg sous le nom de *Bon-Liverdun*.

L'opuscule Trouillet n'étant venu à notre connaissance qu'en 1859, nous avons dû, pour nous livrer de suite à des expériences, planter en place nos sujets, au lieu de les élever en pépinière pour les arracher et les replanter à demeure l'automne de la même année, moyen recommandé par l'innovateur, pour ne choisir que ceux qui remplissent toutes les conditions de réussite.

Malgré les chaleurs excessives de l'année passée, nos pépinières, établies d'après ces principes, nous ont offert de magnifiques résultats.

Les échantillons que nous avons l'honneur de vous présenter sont pris au hasard, dans les milliers qui verdissent maintenant un coteau jadis stérile, inscrit dans le cadastre communal comme terrain de *vaine pâture*.

Le développement du système radiculaire, qui dépasse un mètre, celui du système aérien mesurant 40 centimètres (provenant d'une terre non fumée), parlent plus haut que tout éloge aux adversaires de cette innovation.

Les plants semblables à ceux que nous vous envoyons ont été plantés à 15 centimètres de profondeur, garantis de la sécheresse par une butte que le temps fera disparaître; plus d'un hectare implanté de cette manière n'a pas occasionné plus de frais et de difficultés qu'il n'en faut pour planter des pommes de terre. Nous avons pour garantie de leur réussite, non-seulement l'état verdoyant de tous, mais des essais faits, dès l'année passée, avec des plants de deux ans qui offrent des grappes parfaites.

Nous n'exagérons pas, malgré ce qu'a d'excessif notre assertion, en disant que nos 100,000 crossettes et chapons plantés ce printemps ont tous feuille. Nul doute donc pour nous que la méthode Trouillet ne soit une révolution en viticulture.

Tous ceux qui ont voulu suivre à la lettre ses directions, fruits d'une longue expérience, d'une persévérance que ni les railleries ni les injures même n'ont pu dérouter, d'un esprit d'observation de l'homme de génie, se sont convaincus qu'il est dans le vrai et que les échecs ne sont dus qu'à la négligence et au mauvais vouloir de la routine. Ne voulant point former notre opinion, comme la plupart des propriétaires, sur l'expérience souvent machinale du vieux Pierre ou Jean, nous avons planté, taillé, pincé nous-mêmes nos vignes et acquis, nous l'espérons, à la sueur de notre front, quelque droit à réclamer pour M. Trouillet la gloire d'avoir enrichi sa patrie d'une méthode nouvelle, quand ce ne serait que par la découverte des modifications suivantes à l'ancienne viticulture et dont l'expérience est faite :

1° Plants taillés à l'intersection de la moelle pour les mettre à l'abri de la pourriture (mésophyte);

2° Taille en sec à un mérithalle au-dessus de l'œil;

3° Plantation à 10 ou 15 centimètres de la surface du sol;

4° Conservation du sous-œil pour nourrir le bouton, espérance de l'année suivante ;

5° Pincement pour concentrer la séve dans le sujet ;

6° Rajeunissement de la vigne par la *sauterelle.*

La culture de la vigne ne sera plus un ouvrage pénible, partage de l'ouvrier robuste : elle deviendra l'occupation des femmes et des enfants. Nous devons donc, Monsieur, en notre nom et en celui des nombreux appréciateurs de la nouvelle méthode, prier Messieurs de la commission nommée par l'Académie, dont l'avant-propos de l'opuscule fait mention, de bien vouloir donner suite à leur rapport. Ces messieurs comprendront que garder plus longtemps le silence, de la part du premier corps savant de France, c'est, sinon frapper de mort un système, décourager tout au moins les efforts du génie. Ne pas tendre la main à ce nouveau Palissy détruisant ses jardins pour soulever en faveur des viticulteurs un coin du voile mystérieux de la nature, c'est l'exposer à voir sa découverte passer sous le nom d'un autre à l'étranger.

Que la première Académie du monde savant mette la plus grande circonspection à donner sa sanction à une découverte scientifique ; qu'elle soit moins appelée à provoquer les essais qu'à enregistrer les acquisitions de la science, c'est ce que chacun comprend ; et, toutefois, la nomination d'une commission n'est-elle pas un engagement tacite dont le silence prolongé ne peut être interprété que comme le désaveu de la vérité de cette innovation ? Les sociétés d'agriculture de la province, plus particulièrement appelées à provoquer les essais, ne sont-elles pas en ce cas-ci encouragées dans leur inaction, tant que l'Académie n'a pas jugé à propos de se prononcer ?

N'est-ce pas là l'explication que nous pouvons nous donner du peu de sympathie avec laquelle la section viticole de la Société centrale d'agriculture de Nancy a accueilli cette nouvelle méthode, bien que depuis quatre années chez nos voisins du département des Vosges, par la sollicitude de la Société d'Émulation, aidée du concours de l'autorité et du conseil général, M. Trouillet développe sa méthode avec un succès toujours croissant dans chacun des chef-lieux d'arrondissement ; que, pendant dix-huit mois, dans notre commune, à la porte de Nancy, nous ayons entendu, au nombre de plus de 200 auditeurs, les leçons de M. Trouillet, et sans aucun aide que celui du besoin qui nous a réunis, nous avons eu le regret de ne voir assister *officiellement* aucun des membres de la Société centrale pour plaider contradictoirement la cause de la viticulture et satisfaire ainsi, comme organe public, soit par son adhésion, soit par sa désapprobation motivée, l'attente si vivement excitée des vignerons du département ?

Pour remédier à cet état de choses, il serait important, Monsieur, il nous semble, que la commission nommée par l'Académie usât de son crédit pour recommander et suivre, dans toutes les contrées viticoles de la France, des essais sur une méthode appelée à doter le pays d'une richesse que l'innovateur n'a point exagérée. Espérons qu'à la générosité qui lui fait livrer au domaine public le fruit de bien des années de recherches pénibles, les académies, sociétés d'agriculture et viticulteurs ne répondront pas par une guerre sourde, au lieu de lui apporter leur juste tribut d'admiration et de reconnaissance.

J'ai l'honneur d'être, Monsieur, avec une parfaite considération, votre très-humble serviteur.

AD. WAVRE,

Propriétaire à Malzéville.

10 juillet 1860.

PREMIER RAPPORT

Adressé le 16 octobre 1860 à S. Exc. le Ministre de l'agriculture

Par M. Ad. Wavre

Excellence,

La France doit-elle faire un milliard d'économie en cultivant ses vignes suivant le système Trouillet (1)? C'est ce que se chargera de nous apprendre le temps : court il sera, si Votre Excellence veut bien y coopérer.

Jusqu'ici deux faits capitaux nous sont acquis par la pratique :

Le *premier*, celui de bouts de sarments, sans racines, longs d'environ 30 centimètres, plantés en mai 1859 dans un sol ordinaire et offrant actuellement les deux tiers de ses ceps avec raisins, quelques-uns jusqu'à dix grappes. (Mon rapport à l'Académie, que j'ai l'honneur d'adresser à Son Excellence, lui offrira de plus amples détails.)

Le *second*, celui d'une maturité telle que, le 26 septembre, j'ai pu vendanger des vignes traitées suivant ce système, tout étant alors encore verjus dans notre. département (Meurthe).

Les grappes de la susdite vigne seront laissées pendantes pour servir de preuves de conviction à l'opposition systématique des détracteurs de cette riche innovation. Légers et ignorants observateurs, ils l'accusent de ne pas offrir une maturité complète, sur de maladroits essais faits par ceux qui se sont contentés d'enlever leur échalas et de *pincer*

---

(1) Éloi Trouillet, professeur de viticulture et d'arboriculture à Montreuil-aux-Pêches, rue Cuve-du-Four, 75.

eurs vieilles vignes, en suivant plus ou moins à distance les instructions de l'auteur, oubliant que le fond de son système est : *régénération* des racines et *distance* d'un mètre, plus ou moins, suivant le sol ou le plant.

Il est fâcheux que la commission nommée par l'Académie, en suite de mon rapport, soit en vacances : il ne lui restera plus que l'hiver pour constater mes assertions.

Les nombreux encouragements des visiteurs venus des quatre coins de la France ne laissent aucun doute sur le puissant intérêt de cette question. Le petit propriétaire ou l'ouvrier, qui ne peut voyager, devrait faire l'objet des préoccupations des sociétés agricoles.

Me serait-il permis, à cette occasion, d'exprimer à Votre Excellence un vœu partagé par beaucoup d'agriculteurs de notre département : celui qu'il fût avisé à ce qu'aucun membre de comice agricole n'eût à prendre part comme concurrent aux divers concours, afin que le pied de la vigne ne fût pas sacrifié a celui du cheval, de la vache, etc., etc., *et vice versâ?*

J'ai l'honneur d'être, avec la plus haute considération, de Votre Excellence, le très-humble serviteur,

AD. WAVRE, rentier,

Au château de Malzéville, près Nancy (Meurthe).

Malzéville, le 16 octobre 1860.

Ce rapport de M. Wavre était suivi de la note que voici :

« A partir de ce jour, 25 octobre, et afin que les partisans de la méthode Trouillet, même les plus éloignés de Malzéville, puissent se convaincre de la maturité du raisin, M. Wavre laissera une partie de sa récolte quinze jours encore sur ou sous les ceps.

« Les premiers visiteurs reconnaîtront que, malgré la couche de neige qui, le 11 de ce mois, a couvert nos campagnes, les feuilles de la vigne, chez M. Wavre, sont encore vertes, tandis que dans les propriétés voisines elles sont jaunes ou absentes.

« M. Wavre se fera un plaisir de communiquer à ses visiteurs des observations, qu'il croit fondées, sur l'incomplète maturité du fruit dans certaines vignes traitées cette année d'après la méthode de M. Trouillet, et principalement dans celles qu'on s'est hâté de dégarnir du sous-œil ou entre-feuilles. »

De nombreux visiteurs vinrent examiner les vignes de M. Wavre, et le résultat de leur examen est consigné dans le second rapport dont voici le texte.

DEUXIÈME RAPPORT

Adressé le 23 septembre 1861 à M. le Ministre de l'agriculture et des travaux publics

EXCELLENCE,

Garder le silence après les bienveillants encouragements que Votre Excellence m'a donnés par sa réponse, en date du 12 octobre écoulé, à la lettre où je lui signalais le produit phénoménal d'une vigne plantée suivant la méthode de M. Trouillet, ne serait-ce pas avouer un échec et donner gain de cause aux détracteurs de cette innovation ?

Ce que j'appelais alors phénomène n'en est point un, c'est un état constant. Cette vigne dont je vous entretenais, qui a maintenant vingt-huit mois, offre une telle récolte que la proportion des grappes, de 5 à 10 l'année passée, est, celle-ci, de 10 à 20 et même 25, d'une grosseur exceptionnelle, malgré les intempéries : en 1860, humidité excessive, gelée en automne ; en 1861, hiver de 19° centigrades, gelée du printemps ; en été, violents ouragans, chaleur et sécheresse consécutives durant trois mois, sans aucun détriment sensible à sa végétation. — N'oubliez pas qu'elle n'est plantée qu'à 15 centimètres de profondeur. Elle est donc sortie victorieuse des influences atmosphériques les plus pernicieuses à sa prospérité.

Quatre hectares, plantés avec le même succès, se cultivent à la charrue et à la houe ; l'expérience modifiera ces moyens encore dispendieux, si se confirment les espérances que la vigne phénoménale a fait concevoir jusqu'ici.

L'impulsion que Votre Excellence a sans doute donnée aux comices vinicoles m'a valu l'honneur de la visite de Messieurs leurs représentants du voisinage, ainsi que celle de M. le président de la Société centrale de Nancy, qui s'est prononcé en faveur de la méthode. — Voici en partie comment résumait une séance de cette Société le n° du 22 juin du *Journal de la Meurthe et des Vosges :* « La méthode de « viticulture de M. Trouillet a attiré l'attention de la Société « centrale. Son président, qui a parcouru récemment et « admiré les belles plantations de M. W..., à Malzéville, « recommade vivement le procédé de plantation qui s'effec- « tue par boutures. Grâce à ce procédé, le cep se charge, « dès la 3e année, de 6 à 7 raisins, ce qui n'a lieu qu'au bout « de 5 ans suivant la méthode habituelle ; mais l'opération « exige des soins attentifs, etc., etc. — La Société centrale « se propose et aura grandement raison d'étudier avec solli- « citude la méthode Trouillet, qui jouit de beaucoup de « popularité dans le département des Vosges, où l'habile « viticulteur va tous les ans distribuer ses enseignements. »

Un succès aussi avoué de cette méthode ne fait-il pas un devoir à tous ceux qui en bénéficieront de solliciter auprès de Votre Excellence, en faveur de son auteur, une récompense nationale? Si elle ne jugeait pas devoir élever à cette hauteur la découverte Trouillet, ne serait-ce pas de toute justice de lui accorder les mêmes droits que ceux que la loi réserve au savant, à l'artiste, à l'artisan, contre la reproduction non autorisée de leurs œuvres, ou enfin, lui donner la mission officielle de se faire entendre dans les principaux centres viticoles? L'esprit d'observation qui distingue M. Trouillet serait au profit du public, il serait le fil électrique qui transmettrait aux coteaux les plus éloignés les acquisitions de la pratique, qui restaient jadis stationnaires des siècles dans une localité.

C'est aux courses de notre observateur que quelques auditeurs lui doivent les moyens de préservation totale ou partielle de la gelée et de la conservation du sarment jusqu'à l'époque la plus reculée du printemps, si favorable à la reprise des boutures.

La méthode est trop belle et ne serait pas œuvre humaine si l'expérience ne nous amenait pas quelque déception. Telle qu'elle se présente actuellement, elle promet au pays un grand avenir,— aux savants, le soin de calculer la perte que six années d'opposition non fondée ont causée aux deux millions d'hectares des vignes de la France.

La vaine attente de la réalisation de promesses ne seraitelle pas due à la brutale pratique qui vient donner un coup de pied à la théorie des coryphées de la physiologie végétale?

J'ai l'honneur, etc.

AD. WAVRE.

CULTURE

DE LA VIGNE

EN PLEIN CHAMP

SANS ÉCHALAS NI ATTACHES

D. Pourquoi écrivez-vous la quatrième édition de votre ouvrage : *Culture de la Vigne,* par demandes et par réponses?

R. Parce que ce moyen seul me permet de bien faire comprendre les améliorations que j'ai étudiées et appliquées à la culture de cet arbuste depuis mes précédentes publications. Aussi celle-ci contiendra-t-elle un certain nombre de faits importants et tout nouveaux pour beaucoup de viticulteurs, et qui ont été, comme tous les précédents, longtemps étudiés et pratiqués avant de les publier.

D. Quelles sont les premières conditions que l'on doit observer pour cultiver la vigne?

R. 1° Étudier le sol ou terrain; 2° le climat par rapport à la maturité; 3° les influences des froids ou gelées tardives au printemps.

D. Que pensez-vous du terrain par rapport à la culture de la vigne?

R. Il y a peu de terrains où la vigne ne puisse donner du fruit; mais il ne faut planter la vigne que dans des sols où elle soit peu exposée aux gelées du printemps, où la maturité soit assez précoce et où la qualité du vin soit sinon de premier choix, au moins puisse être acceptée du commerce. Si l'on a un terrain de premier choix, et dans de bonnes conditions climatériques, , on fera bien d'y cultiver des plants fins, tels que pinots francs, plants du Clos-Vougeot, vert-doré de la Champagne, pinot rouge de la Suisse, pinot chassagne de la Bourgogne, etc.

Si, au contraire, on n'a qu'un terrain médiocre et ne pouvant produire du vin de choix, il est prudent de cultiver des plants plus productifs que les fins, non pas en vue du nombre des grappes, mais en vue des grumes de raisin qui sont plus grosses; dans ce cas, on peut consulter l'*Ampélographie* de M. le comte Odart.

D. Quel que soit le terrain où l'on veut planter la vigne, comment doit-on le préparer?

R. Dans ma troisième édition, je disais que je m'étais abstenu jusqu'alors de parler du défoncement de la terre et de sa préparation pour planter une vigne, attendu qu'il me répugnait de me faire l'écho des pratiques vicieuses qui sont encore en vogue en cette matière et qui sont enseignées par la plupart des livres de viticulture, tels que la plantation en auget, en rigole, défoncements partiels, plantations sans travail préalable du terrain, etc., etc. Aujourd'hui, je viens affirmer, plus énergiquement que jamais, un procédé qui m'a constamment réussi et qui m'a déjà valu des lettres de remerciement de tous les propriétaires qui l'ont mis en pratique d'après mes conseils.

Lorsqu'un terrain quelconque est destiné à la plantation de la vigne, je le fume avec de bon fumier *bien fait*, c'est-à-dire arrivé presque à l'état de terreau, tel que les boues de ville, s'il est possible de s'en procurer; ensuite, j'examine la profondeur de la couche végétale et la nature des sous-sols; si le ou les sous-sols sont susceptibles de devenir terre arable ou végétale, je fais un défoncement de 50 à 60 centimètres de profondeur; mais si le sous-sol est impropre à la végétation, j'évite de l'entamer.

J'opère ainsi ce travail : j'ouvre une tranchée et je remue et mêle ensemble le sol de la superficie, l'engrais et le sous-sol, sans m'attacher à placer l'engrais au fond, selon l'usage reçu, attendu que la vigne a des racines traînantes et des racines pivotantes. Un défoncement ainsi fait améliore *tout* le terrain; tandis qu'en mettant le dessus du sol et l'engrais au fond de la tranchée, et le sous-sol en dessus, l'on force en plantant profondément les premières racines à chercher leur nourriture dans un sous-sol humide et souvent dénué de principes végétatifs.

Si le sous-sol est calcaire et convient aux plantations des vignes en général, il n'y a que demi-mal; mais si le sous-sol est d'autre nature, s'il est glaiseux et humide, les plants prendront vite la chlorose.

En résumé, que l'on défonce à main d'homme ou à la charrue, les terrains, quelle qu'en soit la nature, n'auront de force végétative que suivant la quantité d'humus qu'ils contiendront. C'est pourquoi il est indispensable de fumer les terrains maigres, je le répète, avec des fumiers bien faits.

Si l'on tient à ne pas précipiter les choses, c'est-à-dire à opérer convenablement, les défoncements doivent se faire en automne et en hiver, afin que la gelée puisse désagréger la terre et hâter la dissolution des principes nutritifs qu'elle contient. Il est clair que les défoncements faits au printemps ne produiront pas aussi vite les mêmes résultats.

D. Avant de penser à la préparation du sol, ne faut-il pas se procurer les plants?

R. Oui; mais comme il est indispensable de faire les plants en pépinière, ainsi que nous le verrons plus loin, et que le terrain où l'on doit élever les plants pendant un an, s'ils sont vigoureux, ou deux ans, s'ils ont peu poussé la première année, doit être préparé comme nous venons de le dire, j'ai dû commencer par parler de la préparation du sol.

D. Maintenant que nous connaissons la manière de préparer le sol pour la pépinière et la plantation, comment faut-il choisir et préparer les plants?

R. Le choix des sarments destinés à former les ceps est une grave question, à mon avis, attendu que les affections organiques se perpétuent par la bouture. Ainsi, par exemple, chaque cépage a un genre particulier de végétation relativement aux diverses formes des feuilles; si l'on étudie une variété, on verra que tous les sujets de cette variété, quoique issus du même type, offrent des variations dans la structure des feuilles; on remarquera que les uns, ceux dont les feuilles sont restées conformes au type, sont toujours productifs, tandis que les autres. dont les feuilles ont changé de forme, sont généralement improductifs, donnent quelques rares petites grappes à petits grains, sans pépins. Ce fait suffit pour faire comprendre l'utilité de faire un choix sévère des sarments destinés à devenir des ceps ou pieds de vigne. Voir mon Traîté de *la Régénération.*

D. D'après ce que vous venez de nous dire, il y a donc de grandes précautions à prendre pour avoir des plants réellement productifs?

R. Certainement; mais avec un peu de soin, et en suivant mon Traité sur la *Dégénérescence*, on y réussira sans peine; 1° on visite les vignes au moment de la végétation, et tous les ceps qui ne développent pas bien leurs feuilles doivent être marqués comme suspects; 2° au moment de la fleur, on doit de nouveau visiter les ceps. Tous ceux dont la fleur ne se développe pas franchement, c'est-à-dire dont la corolle, au lieu de se détacher par la base pour être soulevée par les étamines et le pistil (ce que les vignerons appellent le chapeau), reste attachée au grain ou même s'ouvre par la partie supérieure, ce qui arrive assez souvent aux ceps atteints d'un vice organique provenant d'une bouture mal établie, ou encore par suite de plaies répetées. Comme ces caractères indiquent la coulure, on doit aussi marquer ces sortes de pieds.

Enfin, au moment de la maturité, peu de temps

avant la vendange, on doit de nouveau visiter les vignes et marquer, pour les arracher, les ceps qui ont presque tous les grains petits et sans pépins, ce que l'on nomme, dans quelques vignobles, des millassons ou grains coulés. On remarquera que la majeure partie des ceps atteints de coulure sont ceux qui se sont mal développés au printemps et ont mal fleuri. Si ce travail, que l'on nomme l'élitage des plants, est bien fait, on pourra, avec certitude, prendre des plants sur les ceps non marqués dans les vignes ainsi examinées.

D. Maintenant que nous comprenons l'importance de l'élitage des plants, y a-t-il d'autres soins à prendre pour obtenir une bonne plantation?

R. Avant de préparer le terrain que l'on destine à une plantation de la vigne, il est utile d'avoir fait, l'année précédente, ses plants en pépinière, pour procéder avec ordre. Nous allons décrire, avec le plus de netteté possible, cette opération, qui, je le répète ici (comme dans l'avant-propos de la 3e édition, que l'on trouvera en tête de ce Traité), est la plus décisive pour l'avenir d'une bonne plantation durable.

Préparation des plants en crossettes

Pour obtenir de bons plants, il faut, après l'élitage des vignes, prendre des crossettes sur de jeunes ceps de 4 à 10 ans, s'il est possible, sains, vigoureux, bien garnis de raisins non coulés ; la coulure indique toujours un sujet défectueux, atteint de vice organique.

Fig. 1.
Crossette.

La crossette doit être en tout semblable à la figure 1re ci-jointe. On la prend sur le bois de la taille de l'année précédente. Pour être certain des ceps sur lesquels on doit prendre les plants, peu de temps avant la vendange, on doit marquer les plants qui sont irréprochables de végétation, qui ont les feuilles réellement conformes au type, portant de beaux produits, soit par un osier attaché à la souche, soit par une petite ficelle à l'un des sarments, ou par toute autre marque.

Après la chute des feuilles, on enlève les sarments destinés à former les plants. Chaque sarment doit avoir à sa base une partie de bois de l'année précédente et une longueur de 35 à 40 centimètres. Ensuite, avec un sécateur ou une serpette (le premier est beaucoup plus commode et abrège la besogne; mais, après, il faut rafraîchir la coupe à la serpette), on détache de ce bois de l'année précédente le jeune sarment avec son insertion tout entière, c'est-à-dire que ce dernier doit avoir à sa base, après qu'il est détaché, un bourrelet que l'on enlève et rafraîchit avec une bonne serpette coupant bien, afin qu'il ne reste aucune meurtrissure, sans mettre toutefois la moelle à découvert. Les plants ainsi préparés, les racines se développeront à la base. La séve, nourrissant le système radiculaire, produira vite une transsudation de sève descendante qui couvrira d'une excroissance de cambium la coupe inférieure du plant. Celle-ci, examinée de près, laisse voir des fibres nourrissant les racines d'une part, et la tige de l'autre; ce qui a fait donner à cet organe le nom de bourrelet par les vignerons; la science le nomme avec raison *mésophyte artificiel.*

Pour plusieurs raisons, j'ai toujours adopté les plants crossettes, et, plus que jamais, je les préfère aux chapons ou boutures simples sans insertion de bois de l'année précédente (dont je parlerai plus loin). D'abord, les plants en crossettes ont à leur base ou talon une partie boisée non moelleuse, qui met la moelle de la tige à l'abri de tout accident, à tel point qu'ayant fendu dans toute leur longueur des plants qui pendant deux ans avaient à peine donné signe de vie, je l'ai trouvée partout dans un parfait état de conservation.

Dans les plants crossettes, les points radiculaires à l'état d'embryons sont très-nombreux : j'en ai souvent compté plus de vingt, et dernièrement un propriétaire de la Meuse m'écrivait qu'au moment de l'arrachage de ses plants en pépinière il avait compté plus de trente racines sur un même plant.

Quelle force de végétation ne doit-on pas attendre d'une aussi grande quantité de racines mères qui s'enfoncent dans le sol en se ramifiant! Cependant, je préviens que les plants crossettes ne se développent pas toujours aussi vigoureusement la première année que les plants chapons; la partie ligneuse qui se trouve à la base rend l'absorption ou action capillaire de l'humidité du sol un peu plus lente que dans les chapons. Mais pour les années suivantes, je ne crains pas de le dire, la crossette donne seule des ceps vigoureux, de longue durée et donnant d'abondants et bons produits.

Préparation des plants en chapons ou boutures simples

Bien que je n'aime pas les plants chapons et que j'aie la conviction que presque toujours ils produisent la coulure et les plants de mauvais rapport, il est cependant des cas où on fera bien de les employer: c'est lorsque l'on ne peut se procurer assez de plants en crossettes; outre que souvent, en vue de propager une espèce, on tient à faire des plants avec tous les sarments dont on dispose.

Dans ce cas, avec un peu de précaution, on peut faire ces sortes de plants un peu moins mauvais. Pour cela, dans le cours de la végétation, il faut laisser pousser les vrilles ou cirrhes. Au moment de faire les plants en chapon, il faut couper la base du plant immédiatement au-dessous d'un œil en face duquel ait vécu une vrille. On supprime celle-ci. A cet endroit, le diaphragme, ou membrane séparant la moelle du mérithalle, est toujours plus épais qu'à l'endroit d'un œil en face duquel il n'y avait pas de vrille.

Cependant, malgré cette précaution, la membrane qui sépare chaque mérithalle n'est jamais assez ligneuse pour garantir la moelle du contact de l'humidité, et souvent des ravages de vers et de certains insectes qui vivent dans le sol. Cette ténuité est très-souvent la cause de la perte de ces sortes de plants, toujours prédisposés à une affection organique et à la coulure.

Soins à donner aux plants depuis leur préparation jusqu'à leur mise en pépinière

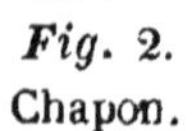

Fig. 2.
Chapon.

Lorsque la base des plants est préparée, soit à l'automne après la chute des feuilles, soit en hiver, il faut les couper par le haut et les réduire à une longueur de 35 à 40 centimètres. Ensuite on ouvre une tranchée, autant que faire se peut, dans une terre légère, sèche, sablonneuse. Cette tranchée doit avoir 50 centimètres de large sur 40 ou 45 centimètres de profondeur. Les plants seront couchés horizontalement en travers de la tranchée, en ayant soin de mettre la partie qui doit émettre les racines le long d'une des parois. Il est même utile de les enfoncer un peu dans cette paroi. Il faut en mettre d'abord un rang dans le fond de la tranchée, en ayant soin que les plants ne se touchent pas; cette première couche faite, on recouvrira de 3 centimètres environ de terre ameublie et l'on disposera par-dessus une seconde rangée de plants, puis une troisième que l'on recouvrira de même de 3 centimètres de terre, ensuite on comblera la tranchée et on laissera ainsi les plants stratifiés jusqu'au 15 mai. A cette époque seulement (du 15 à la fin de mai), on ôtera les plants de la tranchée pour les mettre en pépinière.

Soins à donner aux plants pour leur mise en pépinière

D'abord, le terrain où l'on désire faire une pépinière doit avoir été défoncé et fumé convenablement avec des boues de ville, si on a pu s'en procurer, ou des fumiers bien faits, les plus menus possible, comme nous l'avons dit à l'article *Préparation du terrain*. Le terrain ainsi préparé, on ôte les plants de la tranchée avec un trident ou fourche; il faut faire ce travail avec précaution, attendu que la majeure partie des plants auront émis leurs racines, qui sont très-fragiles et néanmoins doivent rester intactes.

Il faudra lever peu de plants à la fois, et si on devait les transporter, il faudrait encore envelopper la base avec un linge mouillé, afin que les jeunes racines ne se dessèchent pas à l'air : il suffit de quelques instants de contact avec l'air pour les frapper de mort.

Les plants en jauge ou en stratification auront aussi développé leurs bourgeons, mais il ne faudra pas s'en inquiéter ; ces jeunes bourgeons périront au contact de l'air ; mais, comme la vigne possède toujours un œil et un contre-œil au même point d'insertion, le contre-œil se développera après la mise en pépinière des jeunes plants.

La formation des plants en pépinière est et sera toujours à mon avis la meilleure manière d'opérer pour planter une vigne. Voici comment je forme la pépinière : j'ouvre une rigole de 8 à 10 centimètres de profondeur ; je place mes plants, sortant de la jauge, debout au fond de la rigole, en ligne droite et à distance de 10 centimètres les uns des autres ; je presse avec la main la terre à la base et autour de chaque plant de manière à bien le fixer au sol ; je mets environ 5 centimètres d'épaisseur de terre, ensuite j'arrose et comble la rigole ; puis, de chaque côté de la ligne des plants, j'amasse la terre en ados ou monticule qui enterre les plants en ne laissant que l'œil supérieur hors de terre.

Pour faire le monticule convenablement, il faut que les lignes soient tracées de 60 à 65 centimètres de distance les unes des autres. (Observons ici en passant que, pour obtenir une bonne végétation des jeunes plants en pépinière, il faut en enlever toutes les herbes, qui toujours sèchent la terre et étiolent les jeunes plants par leur ombre. Il faut aussi arroser assez souvent, surtout dans les années sèches.)

En 1858, année de sécheresse toute exceptionnelle, j'opérai comme je viens de l'indiquer, et de plus, prenant la précaution de pailler ma pépinière, je ne fis que deux arrosages : l'un au moment de la plantation, l'autre une quinzaine de jours après, et mes plants réussirent parfaitement.

Au printemps suivant, on peut enlever les jeunes plants de la pépinière pour les planter en place, c'est-à-dire pour former une vigne, s'ils ont bien poussé.

Il arrive quelquefois que les jeunes pousses des plants en pépinière ont à souffrir d'un hiver trop rigoureux; quelques propriétaires prennent la précaution de les couvrir de paille; d'autres les arrachent après la chute des feuilles et leur font subir une seconde stratification en les enterrant de nouveau pour passer l'hiver. Ces moyens sont prudents et on ne peut que les approuver; mais, quels que soient les moyens que l'on emploie pour faire et conserver les plants chevelus de la vigne, j'engage les propriétaires à ne jamais former une vigne avec des plants dont le système radiculaire serait défectueux : ils n'en tireraient rien de bon.

D. Doit-on toujours arracher les plants en pépinière lorsqu'ils ont un an de végétation ?

R. Non. Si l'on n'a pas donné les soins voulus et que la première année ils aient peu poussé en pépinière, il est utile de les laisser deux ans, en ayant soin de tailler le jeune bois des plants à deux yeux, sans supprimer aucun jeune sarment.

Fig. 3. — Plant à double système radiculaire.

D. Ne peut-on faire de plants d'autre manière ?

R. En 1855, en faisant, avec mon fils, la dissection d'un cep, nous remarquâmes qu'à la base de l'insertion d'un sarment de deux ans les points radiculaires étaient beaucoup plus prononcés que ceux qui sont à la base du sarment de l'année ; puis, ayant fendu ce sarment, nous remarquâmes aussi que la séparation ou membrane qui existe la première année audessous ou, mieux, à la base de chaque œil séparant le mérithalle et rendant ces yeux indépendants l'un de l'autre, n'existe presque plus à la deuxième année, la moelle devenant un centre commun à plusieurs sujets. Ces remarques nous amenèrent à faire des plants que j'ai depuis nommés : *plants à double système radiculaire* (*fig.* 3).

Ces plants sont difficiles à la reprise et ont besoin, indépendamment de la stratification, d'être plusieurs fois arrosés ; mais lorsqu'ils sont enracinés, ils acquièrent plus de vigueur que les autres.

Tout plant de vigne enraciné, sortant de la pépinière ou autre lieu, porte le nom de *plant chevelu.* (Voir plus loin les *fig.* 4, 5, 6 et 7.)

D. Sont-ce là toutes les manières de faire les plants de vignes ?

R. Non, attendu que tout végétal qui a la propriété de se reproduire par boutures est souvent susceptible, quoique fortement divisé, de donner un sujet avec un fragment, pourvu qu'il soit muni d'un bourgeon embryonnaire ; ainsi, la vigne peut se reproduire par un œil simple, par un fragment de sarment muni d'un œil, par unc partie de sarment munie de deux yeux dont un sera mis dans le sol, et l'autre, plus élevé, se trouvera à la superficie, puis encore par un sarment couché en terre en forme d'anse de panier renversée, et tenant au cep, que l'on nomme cep mère. Mais tous ces moyens sont loin de donner les résultats qu'on obtient de la crossette. On ne peut que s'affliger lorsqu'on voit que pour planter une simple giroflée, un chou même, on prend des précautions pour conserver la variété, tandis que pour un cep de vigne destiné à vivre *un demi-siècle* on ne prend aucune des précautions nécessaires pour donner un bon résultat. Nous voyons de plus enseigner la plantation de la vigne sans tenir compte des lois qui président à l'existence et à la reproduction de ce précieux arbuste.

D. Maintenant que nous avons suivi la formation d'un bon plant, que nous reste-t-il à faire ?

R. Il faut maintenant étudier la plantation.

De la plantation de la vigne

La plantation de la vigne est une opération à laquelle tous les vignerons et les viticulteurs attachent une importance méritée ; mais la plupart l'exécutent empiriquement, et sans s'appuyer sur les principes de la physiologie végétale, et surtout sur le mode de végétation de cette plante.

La vigne est un arbrisseau dont la tige grimpante cherche l'air et n'est pas destinée à vivre sous terre ; elle peut cependant être enfouie, elle l'est en effet dans beaucoup de vignobles ; mais rien ne prouve que ce pénible travail ne soit pas plutôt nuisible qu'utile, comme je le démontre dans mon ouvrage *de la Régénération de la Vigne.*

Cette tige, réduite à vivre sous terre contrairement à sa loi vitale, n'est point une racine proprement dite ; elle conserve, dans l'état contre nature où on la place, la plus grande partie de ses propriétés de tige, donnant seulement par ci par là naissance à quelques petites radicelles qui ne peuvent être que d'un faible secours à la vie du cep. Il faut toujours que ce cep soit nourri par les racines mères qui partent du point de connexion de la tige et des racines, nommé *mésophyte*, vulgairement *pivot.*

Plus ce mésophyte artificiel, formé au pied d'un sarment couché en terre, sera éloigné de la végétation aérienne, plus la séve ascendante mettra de temps à y arriver; elle pourra même se perdre en parcourant une longue tige enfouie, souvent contournée, rompue, surchargée d'onglets, de chicots, de plaies et de bois mort. J'en ai vu un exemple frappant à mon passage à Rilly (Marne), où j'assistai à l'arrachage d'une vieille vigne avec des provins de 2, 4 et même 5 mètres de long. Ces sarments, conformes de tout point à ceux dont je viens de parler, laissaient échapper une telle quantité de séve que la terre qui les entourait en était imbibée; puis à 15 ou 18 centimètres dans le sol se trouvait une petite touffe de maigres racines à la base du bois de l'année précédente. Là donc, comme toujours, les racines mères, malgré le provignage, étaient obligées de nourrir l'arbrisseau. Je le demande, quelle force peut avoir cette séve qui inévitablement se perd, en partie au moins, dans un si long et si pénible parcours en terre?

Dans plusieurs vignobles, on compte si peu sur le secours des racines secondaires que, en faisant un nouveau provignage, on coupe celles qui restent du provignage précédent; pourquoi les faire naître si on en reconnaît l'inutilité?

Cet état contre nature de la tige présente le plus souvent de graves inconvénients, engendre des maladies et abrége l'existence de la vigne (1).

---

(1) Je m'engage à expliquer et à démontrer pratiquement ces désastreux effets de la végétation de la vigne plantée contre nature aux personnes qui me feront l'honneur de m'appeler chez elles par lettres affranchies.

Quand la vigne naît de semis, la petite graine pousse sa tigelle hors de terre, où elle surmonte les deux cotylédons, et sa petite racine s'enfonce et se ramifie dans la terre sous les cotylédons.

La tige développe une série de nœuds que chacun connaît dans le sarment, mais la racine ne présente point cette disposition : elle se compose de fibres allongées, continues, sans nodosités et sans moelle.

La vigne a cela de commun avec la plupart des arbrisseaux ligneux, et elle ne ressemble en rien aux plantes, qui naturellement ont une souche souterraine.

Elle possède son mésophyte, c'est-à-dire une séparation bien tranchée entre le système de circulation des racines et le système de circulation de la tige. C'est à la surface du sol, au niveau de l'insertion des cotylédons, que cette séparation existe. Les souches ou tiges de vigne enfouies ne sont donc que des supports de racines bâtardes et secondaires. Leurs véritables racines mères, leur mésophyte, sont à l'extrémité de ces sarments ; et sur le chapon, ou bouture simple, que je condamne, elles sont au dernier nœud ou œil du sarment mis en terre. J'insiste sur ces faits conformes aux données de la science et de l'observation, et j'invite les viticulteurs à s'y arrêter, parce que de cette étude découlent les vrais principes de la plantation de la vigne. On n'a pas l'habitude de semer la vigne, d'abord parce qu'elle fait trop attendre son produit quand on la multiplie par ce procédé ; ensuite, les semis changent la nature du cépage, et l'on ne pourrait être assuré d'avoir l'espèce que l'on désire. Elle se multiplie donc par voie de boutures.

La bouture est un sarment qui, n'ayant point encore de racine, manque de mésophyte. Pour que ce mésophyte s'établisse convenablement, il faut que le système radiculaire parte de la base de ce sarment mis en terre ; à cette condition seulement, l'arbrisseau de bouture se rapprochera de l'arbrisseau venu de semis et pourra avoir la même vigueur et la même durée (1).

Comme nous l'avons déjà dit, dans la vigne venue de graine, le mésophyte est à la surface du sol ; donc, la bouture, pour se rapprocher le plus possible des effets du semis, ne doit point être enterrée profondément De cette manière, les racines trouvent toute la couche de terre végétale pour s'y enfoncer naturellement, et rien ne s'oppose au mouvement ascensionnel de la tige.

D'où il suit que la meilleure position de la bouture est la position verticale, qui est la seule qu'indique la nature. L'expérience m'a démontré pleinement la supériorité de cette pratique. Ce n'est pas tout, d'autres conséquences non moins importantes découlent encore de l'observation de la nature, relativement à la plantation. Ainsi, les racines étant destinées à descendre dans le sol végétal, que doit-on penser du vigneron qui plante le dernier nœud de sa bouture

(1) Voir à ce sujet mon ouvrage *de la Régénération de la Vigne*, 2e édition, en vente chez moi et à la librairie A. Goin, rue des Ecoles, 82.

(d'où doivent naître les racines qui font toute la vie de l'arbuste) au-dessous du sol végétal ou même au fond de sa couche, même la plus épaisse? Il est évident : 1° qu'il forcerait les racines à remonter si cela était possible; 2° qu'il nuit au développement des racines mères; 3° qu'il empêche la formation du mésophyte artificiel, qui toujours doit exister à l'extrémité inférieure du sarment, et qui, à mon avis, est toute la vie de la plante; 4° qu'il empêche ce même mésophyte de profiter de l'action bienfaisante de l'air et de la chaleur. Autant vaudrait dire que ces hommes tuent la vigne en la plantant.

Cependant, j'entends dire de tous côtés : C'est l'habitude! — Je réponds : Si la vigne est assez vivace pour vaincre tous ces obstacles, que ne doit-on pas attendre d'elle lorsqu'elle est traitée convenablement!

Cette mauvaise plantation, produisant peu de végétation, a engendré le provignage, travail contre nature, qui ne donne qu'une vie chétive et de courte durée à ce précieux arbuste.

La lutte qui s'établit entre la séve ascendante et la séve descendante par la naissance des racines secondaires provenant du provignage formera des nodosités, des ulcérations; la lenteur de la circulation aussi bien que sa marche irrégulière entraîneront la chlorose, la jaunisse et la mort. C'est ce qui s'observe en effet, et ce que prouve constamment l'arrachage fait avec soin des plants malades. En résumé, c'est à peu de profondeur qu'il convient de planter la vigne, à savoir : de 12 à 15 centimètres, quelle que soit d'ailleurs la profondeur du sol végétal.

D. Que pensez-vous du provignage ?

R. Mon opinion étant toujours la même à ce sujet, je répète ici l'article de ma troisième édition :

Du Provignage et de son effet

On peut conclure de ce que je viens de dire, et la pratique donne encore complétement raison à cette conclusion, que le provignage ou l'enfouissement des souches ou sarments est une opération contraire aux lois de la nature, plutôt nuisible qu'utile ; qu'il est souvent la source d'une foule de maladies ; qu'il exténue la vigne et en réduit le produit (ce dont on pourrait se convaincre en y portant un peu d'attention). Il est certain qu'un cep malade a beau être provigné, il n'en reste pas moins toujours dans son état maladif.

Si le provignage était bon, il devrait donner après trois ou quatre recouchages, par la quantité de racines que cette opération doit faire développer, une telle force de végétation que l'on devrait pour ainsi dire ne plus en être maître.

Est-ce l'effet que l'on obtient ? Mille fois non ! Loin de là, plus on provigne, moins on a de végétation ; à tel point qu'il faut, quand on a commencé le provignage, le continuer presque tous les ans.

C'est donc, comme je l'ai dit, agir contre nature

que de coucher en terre un sarment possédant la moelle dans toute sa longueur, puisqu'on ne rencontre cette disposition nulle part dans l'état naturel.

Dans la disposition physiologique naturelle de la vigne, comme dans celle des arbres obtenus par semis de pépins ou de noyaux, on rencontre des racines fibreuses sans moelle partant d'un mésophyte placé près de la surface du sol dans lequel elles s'enfoncent en divergeant à leur gré, y développant leur chevelu ou radicelle terminé par des spongioles ; un tronc unique s'élevant au-dessus de ce même mésophyte pour étendre dans l'air libre ses rameaux.

La culture que j'indique pour la vigne a pour effet de se rapprocher de la nature, d'opérer comme la nature elle-même, et le résultat a pleinement confirmé mes essais.

De tous côtés on m'objecte que, pour avoir de grandes et belles treilles, pour avoir plus de végétation enfin, on est dans l'habitude de recoucher le jeune cep. Les faits répondent mieux que je ne pourrais le faire à cette objection. Qui n'a vu ces ceps forts et vigoureux adossés aux habitations dans presque toutes nos communes de France ? Un pavage recouvre souvent le sol qui les nourrit, ils n'ont jamais été provignés ni cultivés, cependant ils sont vigoureux et productifs. Sur ce sujet bien des personnes partagent ma manière de voir. Je me trouvais en 1856 à Fontainebleau ; j'allai visiter la treille du château ; le garçon chef qui me conduisait me fit remarquer, comme nouveauté, plantés le long d'un mur, un grand nombre de ceps qui ne devaient pas être provignés, M. Souchet, directeur-jardinier en chef du château de Fontainebleau, ayant reconnu l'inutilité de cette opération.

Par les lettres que je tiens à la disposition des personnes qui voudraient suivre les progrès de la viticulture, il m'est facile de montrer que de toutes parts on cherche à s'affranchir de cette onéreuse coutume. Pour renouveler un pied de vigne détérioré par l'âge ou par des accidents quelconques, n'est-il pas plus facile de le faire par le recépage seulement ? Si le système radiculaire de ce pied est bien établi par plusieurs années d'existence, un seul rameau lancé verticalement acquerra bien certainement dans une seule période de végétation une longueur de plusieurs mètres.

Dans plusieurs endroits et sur différents sols, j'ai souvent rabattu des vignes dont les bras ou membres principaux, engorgés par des tailles répétées, ne donnaient plus que quelques rameaux grêles ; après cette opération elles ont donné des végétations saines, luxuriantes et vigoureuses.

Ces jets ont été disposés en treille nouvelle et leur vigueur n'a pas cessé de se soutenir. Une foule d'autres cas m'ont mis à même de faire les mêmes observations. Il est donc évident pour moi que le provignage est un mauvais mode d'opérer.

A chaque nœud du sarment enfoui poussent plusieurs radicelles que souvent les labours d'été ou la chaleur livrent à la dessiccation. Les véritables racines qui n'avaient pas eu à fournir au printemps, au moment où la terre est humide, les sucs tirés par ces accessoires, ne développant pas leur chevelu, elles ne peuvent suppléer tout à coup à ces accidents ; les feuilles jaunissent, brûlent, tombent ; le raisin restant à découvert avant sa maturité ne profite plus ; enfin la vigne souffre et prend quelquefois assez la chlorose pour en périr. Aussi est-ce avec raison que M. l'abbé Delpy, d'accord avec plusieurs auteurs et praticiens, a conseillé dans ces derniers temps de supprimer tous ces chevelus bâtards avant l'ascension de la séve, comme constituant un des plus grands dangers de la vigne.

S'il convient de cultiver la vigne en arbrisseau complet et isolé, il convient aussi, non-seulement de laisser entre chaque plant l'espace nécessaire au développement de sa tige et de ses racines, mais il faut encore que partout puissent pénétrer l'air et la lumière, agents indispensables à la formation de la lignine, qui est la vie et l'avenir des arbres et des arbustes. En d'autres termes, il faut que le bois soit aoûté pour être dans de bonnes conditions.

Cet espace peut varier de un mètre à un mètre 50 centimètres, suivant la qualité du terrain et la force de la végétation, soit 8 à 10,000 plants par hectare.

Ce petit nombre de ceps, loin de diminuer la production comme on pourrait le croire, tend au contraire à l'augmenter ; car chacun d'eux traité d'après ma méthode peut et doit produire de 20 à 30 grappes, ce qui fait en moyenne 225,000 grappes par hectare, tandis que 30 à 40,000 plants, qui peuplent ordinairement un hectare dans les vignobles où l'on provigne, ne donnent généralement que 4 grappes et un total moyen de 140,000 grappes.

D. Comment faut-il faire la plantation définitive d'une vigne ?

R. Le terrain étant défoncé, fumé et préparé convenablement, on creuse pour chaque jeune plant chevelu un trou assez large pour pouvoir étaler convenablement les racines, qui doivent reposer à une profondeur de 12 à 15 centimètres au plus, sur un petit monticule au fond du trou fait pour la plantation.

Les racines doivent être légèrement inclinées suivant leur direction naturelle, c'est-à-dire placées presque horizontalement, pour ne les laisser arriver au sous-sol que le plus tard possible ; avec ces précautions on obtient un bon système radiculaire, ce que le vigneron nommerait un bon pivot (1), et qui produit toujours des ceps vigoureux. Mais comme il est essentiel, pour arriver à ce résultat, de n'avoir qu'un seul système radiculaire, pour éviter toute

---

(1) Tous les vignerons que l'on consulte sur la vigueur de certains ceps dans une vigne répondent : « C'est qu'il a un bon pivot, » ce qui n'est, à mon avis, qu'un bon système radiculaire, qui permet à la nature, par le hasard d'un plant bien préparé, de faire une jonction sans plaie ni pourriture entre le système radiculaire et le système aérien. Puisque de temps à autre il se montre des ceps plus vigoureux les uns que les autres, pourquoi tous nos efforts ne tendraient-ils pas à avoir tous les ceps avec de bons pivots? Cela n'est pas impossible, puisqu'il s'en forme spontanément.

En cela comme en toute chose, c'est la nature qui agit suivant sa loi ! C'est la voix de son Auteur qui ne cesse de nous avertir, et peu de gens savent l'entendre.

lutte entre la séve ascendante et descendante, il est absolument nécessaire, au moment de la plantation, de couper toutes les racines secondaires qui se seraient formées au-dessus de celles de la base des plants; ces racines, les seules vraies, forment les racines mères.

Beaucoup de personnes ayant lu mes principes de plantation, et ne voulant pas faire de pépinières, ont planté en place en arrosant et buttant chaque plant; j'apprends avec plaisir que leur plantation marche bien. Mais quoique, par ce moyen, on puisse gagner au moins deux années, je recommande cependant les pépinières, seul moyen de reconnaître la véritable qualité des plants.

De tout ce qui précède, il résulte la preuve pratique et théorique qu'il, se forme lorsque le plant a été bien préparé, un organe à l'extrémité des sarments que l'on emploie comme plants; un seul fait va prouver que cet organe n'est pas sans fonctions.

Toutes les personnes qui ont arraché ou fait arracher de la vigne ont pu remarquer que si on laisse en terre le dernier nœud (comme on l'appelle partout) qui se trouvait à l'extrémité du sarment au moment de la plantation, ce nœud ou pivot, qui n'est autre que le mésophyte, repousse ; tandis que, si on l'arrache, les racines laissées en terre n'ont pas la propriété de pousser ; c'est une preuve concluante que cet organe n'est pas sans fonctions.

C'est par le défaut de séparation entre la tige et les racines que les marcottes (*fig. 4*) ne valent pas les crossettes et vivent peu de temps. Cependant, comme je le dis plus loin, on peut s'en servir comme plant en les traitant à peu près comme des chapons. La raison de leur mauvaise végétation, quand on ne prend pas ce soin, est que le mésophyte, qui doit toujours s'établir entre la tige et les racines, est dans ces espèces de plants, comme dans le provignage, après les racines, c'est-à-dire au bout des marcottes et des provins, au dernier nœud du bout du sarment mis en terre (quand il ne pourrit pas). C'est donc un effet tout à fait contre-na-

Fig. 4. — Marcotte.

ture qne l'on produit quand on agit ainsi, effet qui paralyse continuellement la végétation. Comme je viens de le dire, on peut se servir de marcottes comme plant, en ayant la précaution de les couper au-dessous d'un œil ou nœud d'où sont sorties plusieurs racines (*V.* le trait blanc passé sur la *fig.* 4), et ayant soin de supprimer les racines qui se trouvent au-dessus de celles qui partent auprès de l'œil et poussant sur le mérithalle. Bien que ces plants ne vaillent jamais la crossette, souvent ils valent au moins les chapons, et, traités ainsi, ils sont en rapport une année, et quelquefois deux, plus tôt que les chapons et les crossettes.

Explication de la plantation

Les sujets des *fig.* 4, 5, 6 et 7 s'appellent plants chevelus, comme nous l'avons dit précédemment. Après avoir préparé son terrain comme je l'ai dit ci-dessus (en ayant soin de n'arracher les plants en pépinière qu'au fur et à mesure de la plantation, attendu qu'il n'y a pas de racines d'arbres ou d'arbustes qui craignent autant l'air que celles de la vigne), il faut, en arrachant les plants, faire bien attention à ne pas rompre les racines à leur insertion ou naissance sur le sarment.

Avant la plantation, il faut rafraîchir les racines des plants chevelus avec une serpette coupant bien,

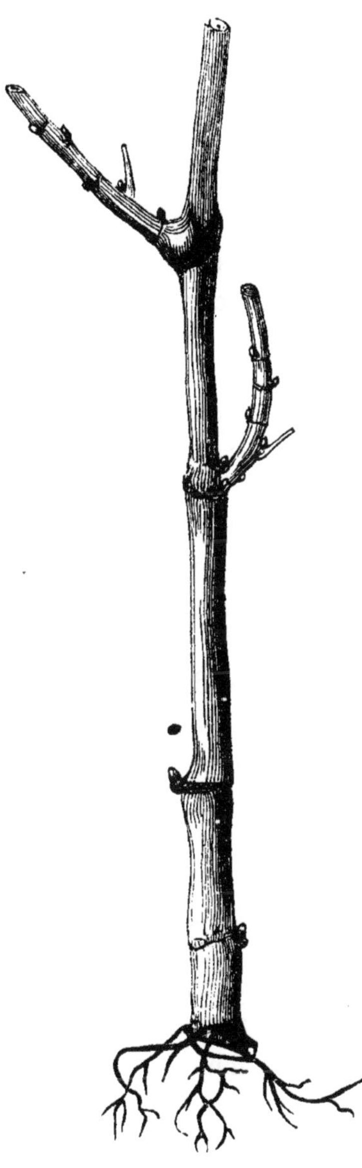

Fig. 5. — Chapon chevelu.

en ne leur laissant qu'une longueur de 10 centimètres environ.

Lorsque la plantation est faite, bien que ce soit avec des plants chevelus, comme ces plants ne sont qu'à une profondeur de 12 à 15 centimètres dans le sol, je les butte et je les arrose si c'est possible comme en pépinière, pour faciliter leur reprise la première année.

D. Vous venez de nous parler de la préparation des racines pour la plantation ; comment faut-il traiter les jeunes sarments développés sur le cep en pépinière et le jeune cep lui-même? En un mot, aussitôt après la plantation, faut-il tailler les jeunes plants?

R. Oui, il faut tailler à un œil ou deux tous

les jeunes sarments développés sur les jeunes ceps que l'on plante ; puis ne jamais couper l'onglet du jeune plant qui se trouve au-dessus de la végétation.

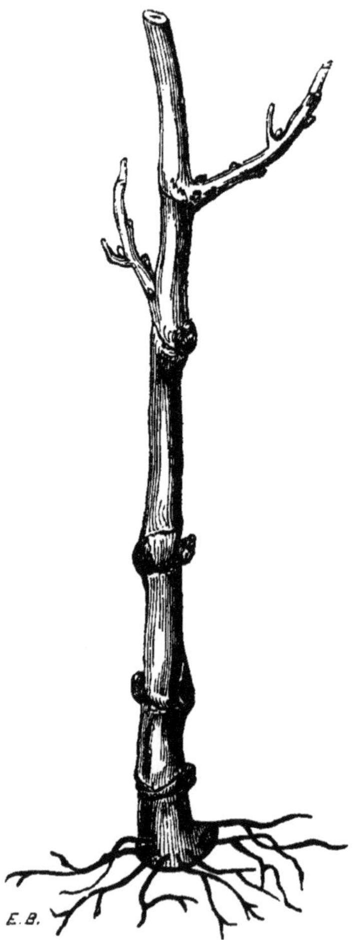

Fig. 6. — Crossette chevelue.

N. B. — Dans mon traité *Essai sur la Dégénérescence*, j'ai dit que la taille pouvait amener ce vice organique ; de plus, la taille est souvent la cause que les ceps cessent de produire. Je vais tâcher de démontrer comment je taille depuis longtemps déjà ; ce travail est tout à fait contraire à ce que j'ai indiqué dans mes précédentes éditions ; il ne sera pas difficile à comprendre pour les personnes qui ont pu voir chez moi les effets désastreux produits par des coupes faites à l'encontre des lois de la végétation de cet arbrisseau. Cependant, comme ce travail est l'opposé de ce qui s'est toujours fait dans tous les vignobles que j'ai visités, il est probable que,

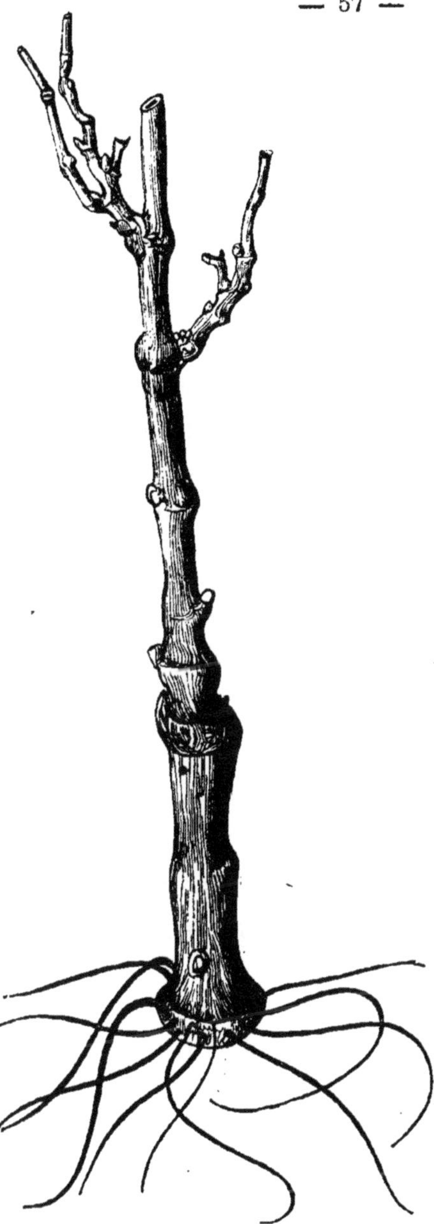

Fig. 7. — Plant chevelu à double système radiculaire.

pour introduire cette innovation, les propriétaires auront encore à lutter contre la routine. Mais je les engage à traiter seulement d'abord une dizaine de ceps; après quelques années d'essai ils seront à même d'apprécier ce nouveau travail, que j'ai déjà indiqué dans ma 3ᵉ édition, sur les figures 5, 6, 7 et 9. Comme depuis cette époque je l'ai suivi attentivement, je ne crains pas de dire que c'est ce que je trouve jusqu'ici de plus rationnel pour conserver la vigueur et assurer la fécondité des bons ceps.

D. En quoi diffère la taille de la vigne que vous appliquez maintenant de celle d'autrefois?

R. Autrefois, je disais, et notamment page 55 de ma 3e édition : « Au moment de la taille, en février, « il faut, comme je viens de le dire, débarrasser la « tige des pousses inutiles qui auraient été laissées « pour le produit, en ayant soin de couper près de la « tige. »

Mais ayant acquis la certitude, depuis que je m'occupe de la culture de la vigne, que bien rarement les plaies faites sur ce végétal se recouvrent d'une couche de cambium, ayant vu aussi que les plus sérieux auteurs anciens qui ont écrit sur la culture de la vigne redoutaient par-dessus tout les plaies que l'on fait à cet arbrisseau et quelles précautions ils recommandent pour les garantir du contact de l'air; enfin comprenant que la tâche de soigner les plaies était impraticable en grande culture, j'ai dû chercher un moyen pratique d'éviter la désorganisation que produisent le froid et la sécheresse sur les ceps taillés trop près du tronc ou d'une branche charpentière quelconque; et dès lors, au lieu de tailler ras, j'ai essayé de laisser une petite partie du sarment longue environ de 2 à 3 centimètres, en prenant la précaution d'enlever les yeux au moment de la taille. Cette suppression d'yeux se fait facilement avec le sécateur ou avec la lame de la serpette, ou même avec l'ongle du pouce. Les yeux étant enlevés, il ne se développe pas de bourgeons; la partie restante conserve de la vie souvent pendant plusieurs années, la séve qui s'accumule à la base de cette petite partie faisant continuellement pression pour développer les bourgeons supprimés; il se forme un bourrelet qui cerne le petit onglet laissé à dessein ; cette partie finit par mourir et tombe sans laisser de plaie. Il en est de même pour l'onglet de la plantation, dont nous avons parlé à la taille du jeune plant lors de sa mise en place.

Au sujet de l'onglet de la plantation, tous les vignerons ont remarqué les ravages qui résultent de sa suppression sur les jeunes plants, puisque, pour qualifier ce mal, ils le nomment *gouttière*, c'est-à-dire qu'en coupant près de la partie qui donne naissance à la végétation la moelle pourrit, un creux s'établit, qui, à son tour, communique la mort au bois et creuse sur la moitié du cep un vide que représente au juste le mot de gouttière des vignerons. Le cep une fois ainsi attaqué dans sa moelle cesse de pousser par le haut et produit des bourgeons adventices au-dessous de la plaie, si toutefois il est muni de bonnes racines ; on sait que le bourgeon adventice, dans beaucoup de variétés, est souvent plusieurs années sans produire. Il y a donc un grand intérêt à savoir conserver la souche des ceps en parfait état de santé.

D. Au moment où vous vous occupez des soins à donner à la taille, ne serait-ce pas aussi le moment de nous dire ce que vous pensez de l'époque la plus favorable pour tailler ?

R. J'ai fait bien des essais sur l'époque la plus favorable à la taille de la vigne ; j'ai presque tous les ans taillé des parties, et toujours les mêmes, de 15 jours en 15 jours, depuis la chute des feuilles jusqu'au moment et même en végétation. L'époque qui m'a donné le meilleur résultat, conservant le mieux la végétation et le produit des ceps, a été la période qui suit les grands froids, soit à compter du 25 janvier. Il est, à mon avis, d'anciennes traditions que l'on a tort de négliger; par exemple, il était autrefois posé en principe dans beaucoup de vignobles que l'on ne devait jamais tailler la vigne avant la Saint-Vincent (22 janvier); le lendemain, tous les vignerons, quelque temps qu'il fît, allaient tailler un cep. A partir de ce moment, lorsque le sarment n'était pas gelé au point d'être devenu cassant, s'il faisait un peu doux, on taillait, et chacun s'arrangeait pour avoir fini au plus tard au 15 mars. Pour moi aussi, l'époque la plus favorable est tout le mois de février.

Il y a deux ans, on a publié dans beaucoup de journaux que la vigne taillée aussitôt après la vendange et encore garnie de ses feuilles donnait un meilleur résultat qu'à toute autre époque. J'ai fait immédiatement l'essai de ce système; le résultat a été nul, et j'ai eu une si faible végétation dans cette partie que je suis convaincu, par deux années de pratique, que ce moment est aussi dangereux que celui que l'on a indiqué il y a six ans, c'est-à-dire en 1860. Il fallait, disait-on, tailler à l'époque où la vigne pleure, ou en pleine végétation. La dernière de ces deux théories doit tuer la vigne en l'énervant; la première lui cause non moins de mal, en la taillant avant que la feuille n'ait fini ses fonctions, qui consistent, en automne, à compléter la végétation ligneuse du bois, à faire ce que l'on nomme en viticulture l'aoûtage.

Malgré ces règles posées par le plus simple bon

sens, on voit encore les partisans de ces deux époques de taille vanter les succès de soi-disant praticiens qui, au lieu de serpette, de houe et de sécateur, n'ont que leur plume, outil qui, le plus souvent, essaye de faire du neuf avec des vieilleries que le bon sens des praticiens considère comme tout à fait usées.

Ainsi, il est à ma connaissance que dans le département du Lot on a essayé pendant plusieurs années de tailler la vigne immédiatement après la vendange, et que ce système a été complétement abandonné par suite des mauvais résultats qu'il a produits ; il en est de même de la taille retardée à l'époque où la vigne pleure ou après que les bourgeons sont développés. Dans tous mes voyages aussi bien que chez moi, j'ai toujours remarqué que la floraison est retardée et les raisins changent plus tôt de couleur sur les vignes ainsi traitées, ce qui se comprend par l'appauvrissement des ceps ! Mais aussi quels raisins récolte-t-on ? — Des raisins mous au moment de la vendange, avec un jus acide et plat ; cela est tellement connu qu'il y a des vignobles où l'on donne à ces raisins le nom de grappes tripées, c'est-à-dire mou, flasque, sans ce coloris vivace du raisin en parfaite maturité.

D. Est-ce là tout ce que l'on doit savoir au sujet de la taille ?

R. Non ; mais comme nous allons suivre la plantation en la prenant successivement à la première, à la seconde, à la troisième taille, nous aurons plusieurs fois occasion de nous en occuper.

Culture

PREMIÈRE ANNÉE

Si les plants ont été faits à la longueur voulue, 35 à 40 centimètres de long, en mettant 12 à 15 centimètres dans le sol, ils seront, s'ils ont poussé convenablement par le haut, à une hauteur de 20 à 25 centimètres de tige, c'est-à-dire que la végétation sera à 20 ou 25 centimètres du sol; la taille des jeunes sarments poussés en pépinière ayant été faite à deux yeux (*fig.* 8), les jeunes sarments qui se développeront dans le cours de la végétation seront pincés (1) à une longueur de 8 à 10 feuilles, s'ils atteignent cette longueur.

Fig. 8.
1re année après la taille.

D. Ne se trouvera-t-il pas des jeunes ceps qui, au lieu de

(1) Je ferai observer ici que c'est à tort que l'on emploie généralement le mot de *pincement* : en réalité, c'est la rupture du bourgeon à l'état herbacé, que l'on pratique dans la circonstance actuelle, et non le pincement. Aussi emploierai-je le mot *rupture* et non le mot *pincement*.

développer les yeux du haut, prendront de la végétation en développant les yeux du bas de la bouture en pépinière ou même en plantation définitive, si l'on ne voulait pas faire de pépinière?

R. Oui, cela arrive; mais, pour bien comprendre notre méthode, nous exposerons sans interruption le travail à faire à ces sortes de plants, à la suite des première, deuxième, troisième, quatrième et cinquième années.

D. La première année, n'y a-t-il que les soins de la taille et quelque rupture à faire?

R. Oui, mais au printemps de la seconde année il faut mettre un tuteur, long de 40 à 50 centimètres, à chaque jeune plant, s'il n'a pas été mis au moment de la plantation, attendu que, pendant plusieurs années, la tige n'est pas assez forte pour soutenir les jeunes sarments et le fruit. Ce tuteur doit rester au pied, suivant la force de la souche, pendant quatre et même cinq ans. Voici comment j'opère pour faire ce travail : j'appointe chaque tuteur à plat, de manière qu'en l'enfonçant je mets une des parties de la pointe dans la direction du jeune pied, et l'autre dans la direction du sol, en l'écartant de la tige; il est rare qu'en ayant le piquet ainsi affilé on rencontre et brise les racines; le piquet une fois bien enfoncé dans le sol, j'y attache le jeune plant avec un bon osier.

DEUXIÈME ANNÉE

D. Vous venez de nous parler du plant à la deuxième année; comment faut-il le tailler?

R. Soit avant la pose du piquet ou tuteur, soit après; il faut lui laisser un nombre de sarments taillés à deux yeux proportionné à sa force de végétation; s'il a bien poussé et que ses jeunes sarments soient d'une moyenne force, il faut lui en laisser deux au moins, puis tailler les autres à 2 ou 3 centimètres de la branche charpentière, comme nous l'avons déjà dit, en supprimant les yeux, afin qu'ils ne développent pas de bourgeons. Si, malgré cette suppression des yeux, il se développait des bourgeons adventices, soit sur la tige, soit près des yeux annulés, il faut les abattre au moment de la végétation. Si l'on avait différé ce travail jusqu'à l'époque où le bourgeon est fort, il faudrait le couper au ras avec la serpette, et non l'arracher à la main, comme cela se pratique dans beaucoup de vignobles; en arrachant ainsi les pousses inutiles qui fourmillent, surtout sur les vieux ceps, on fait souvent plus de mal qu'on ne pense. Les fibres de ces jeunes rameaux étant implantées profondément dans le sarment ou la souche qui les porte, en les arrachant on ouvre des plaies que l'air, le soleil, la pluie et la gelée rendent souvent difficiles à cicatriser, tandis qu'en ébourgeonnant dès le début de la végétation, avec un instrument tranchant, on évite tous ces inconvénients, et les travaux marchent aussi vite.

D. Maintenant que nous savons ce qu'il faut faire aux jeunes ceps un an après leur mise en place, quel travail faut-il faire au moment de la végétation?

R. Les jeunes sarments conservés seront arrêtés par la rupture de l'extrémité, lorsqu'ils auront atteint 20 ou 25 centimètres de long, en ayant bien soin que cette rupture soit toujours faite sur une jeune feuille dont le diamètre n'excède pas celui d'une pièce de *un franc*. Lorsque l'on aura ainsi arrêté le jeune sarment, il se développera entre l'œil de l'année suivante en voie de formation et la base du pétiole de la feuille une végétation qu'on nomme, suivant les localités, faux-bourgeons, druges, entre-feuilles, entre-cœurs sourdants, fausses-pousses, etc., etc. Cette végétation ayant lieu sous l'œil de l'année suivante, plusieurs auteurs lui ont donné, avec raison, le nom de sous-œil. Dans presque tous les vignobles, on arrache sans soins, et en descendant, ces sortes de végétations. Ce travail s'appelle nettoyage de la vigne; on aurait mieux fait de l'appeler *destruction* de la récolte suivante; car, lorsqu'on fait ce travail, si le sous-œil est un peu fort, on enlève la feuille avec le jeune rameau, et, de plus, on fait une déchirure ou plaie profonde sur le jeune sarment; ensuite la séve, n'ayant plus de cours régulier, se porte dans les yeux qui se préparent pour l'année suivante; elle les développe et en fait des bourgeons anticipés d'un an sur l'ordre de la nature. Cette pousse anticipée est bien connue des vignerons, qui la nomment justement « l'avortement des yeux ».

D. D'après ce que vous venez de nous dire, il paraît que vous n'enlevez jamais les sous-œils. Dans ce cas, comment faut-il les traiter?

R. Les sous-œils doivent être arrêtés à deux ou trois feuilles, aussi bien ceux qui se développent le long du jeune sarment que celui qui se développe toujours au sommet du rameau arrêté. Si la vigne a beaucoup de végétation sur les sous-œils, il se développe souvent des seconds sous-œils, que l'on arrêtera de nouveau s'ils prenaient beaucoup de force ; ce cas n'arrive guère que lorsqu'en taillant on a laissé trop peu de coursons sur un cep qui pourrait en nourrir davantage. En suivant ce travail de la rupture des bourgeons principaux et des sous-œils, aucun œil, qui doit rester pour donner le produit l'année suivante, ne se développe; les feuilles de la base des jeunes sarments restent attachées au rameau jusqu'à la fin de la végétation; ce qui fait que, dans les vignes traitées par la rupture, les yeux de la base des sarments sont plus francs et plus féconds que dans les vignes à longs sarments.

A l'appui de la fécondité des yeux situés à la base des sarments sur les vignes traitées par la rupture, j'ai à dire que j'ai chez moi plusieurs variétés de cépages qui, à s'en tenir aux idées reçues, ne pourraient produire qu'avec de longues tailles; tels sont, par exemple : les Pinots, Petit-Noir, le Vert-Doré de la Champagne, le Meiller-Blanc, le Meunier, les Gouets blancs et noirs, divers chasselas, etc.; *tous ces plants sont taillés à deux yeux, et tous ont des raisins en grande quantité.*

Il importe de vérifier ce fait, car chacun sait que les raisins venus sur les long sarments, dits longues-tailles, tels que : ploies, couronnes, hastes, courgées, etc., etc., ne mûrissent jamais bien et donnent des vins de mauvaise qualité. Nous en avons été témoin dans un vignoble de la Champague en 1857, année où tous les raisins des tailles ordinaires mûrirent et donnèrent une qualité renommée au vin; tandis que les raisins provenant de longue taille auraient pu être vendangés dans des sacs, sans crainte de perdre le jus des raisins trop mûrs.

TROISIÈME ANNÉE

D. Maintenant que nous avons suivi une jeune plantation dans ses deux premières années, que devons-nous faire l'année suivante?

Fig. 9.
2e année après la taille.

R. Si la vigne a poussé convenablement, chaque cep doit se trouver formé comme nous le voyons *fig.* 9, et avoir, comme nous l'avons déjà dit, au moins deux jeunes sarments taillés à deux yeux; ces petites parties de sarments, restant au cep après la taille faite et munies d'yeux, se nomment coursons.

Au moment de la végétation, au printemps, les bourgeons qui se développeront sur les coursons seront traités par la rupture, comme nous allons l'expliquer.

Rappelons d'abord que chaque œil donnera naissance à un rameau, qui peut porter des grappes; dans ce cas, le rameau sera arrêté par la rupture à une feuille au-dessus de la deuxième grappe du haut. Si le rameau n'a qu'une grappe, on pourra

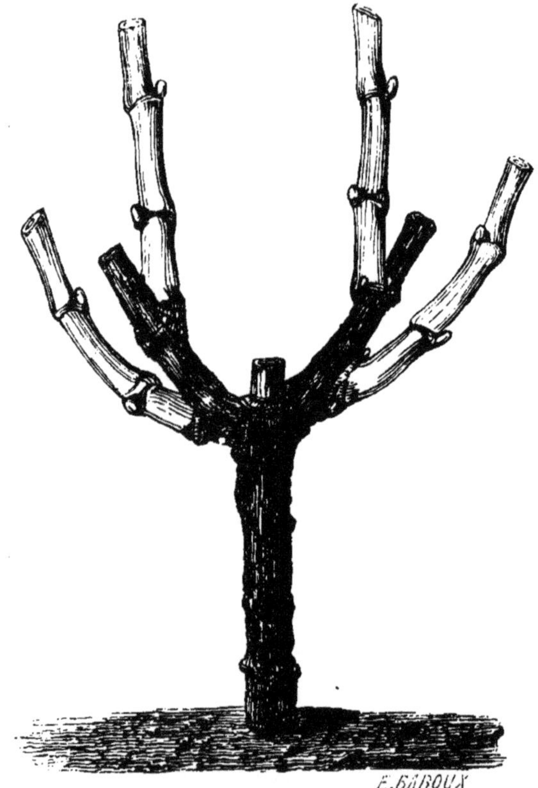

Fig. 10. — 3e année, vigne en gobelet.

l'arrêter un peu plus court, mais toujours à une feuille ou deux au-dessus de la grappe. Les rameaux qui ne doivent pas avoir de grappes sont faciles à reconnaître en ce que, à la place de grappes, il pousse des cirrhes ou vrilles, nommées aussi mains de la vigne. Comme la vrille n'est autre chose qu'une grappe avortée faute de séve, chaque fois que l'on aperçoit une vrille sur un bourgeon, on peut être certain qu'il n'y aura pas de grappes plus haut, puisque plus le bourgeon s'allongera moins il aura de force, la séve étant répartie sur une plus grande étendue. Alors on arrêtera les rameaux à une feuille au-dessus de la vrille : ce sera comme si on les arrêtait à une feuille au-dessus de la première grappe.

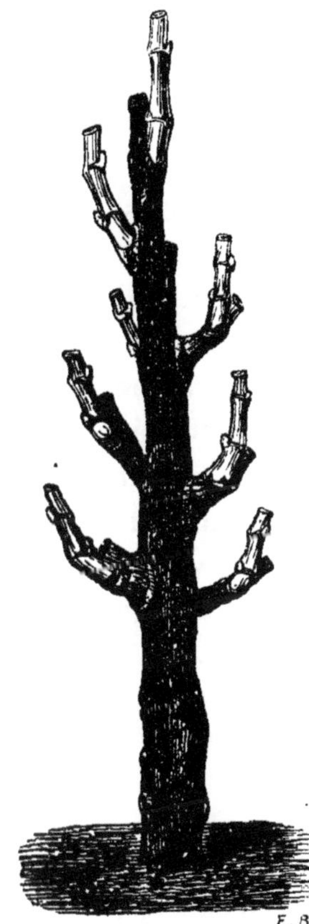

Fig. 11.
3e année après la taille, vigne en fuseau.

D. Nous voici à la troisième année, le cep prend de la force; comment devons-nous le traiter ?

R. La troisième année (*fig.* 10 et 11), au moment de la taille, il faut, comme les années précédentes, consulter la force du pied ou cep et celle des sarments de l'année pour lui laisser un nombre de coursons proportionné à sa force de végétation. Souvent, à cet âge, nous en avons laissé quatre et même plus. Les sarments que l'on doit supprimer doivent être taillés à 2 ou 3 centimètres; puis on enlève les yeux comme nous l'avons dit en parlant de la taille (pages 57 et suivantes). En remarquant la figure 10, on voit que les sarments laissés sont taillés en leur conservant deux yeux, et que la taille est faite au-dessous du troisième œil, en laissant tout un mérithalle au-dessus du dernier œil conservé. (On appelle mérithalle l'intervalle d'un œil à l'autre.)

D. Pourquoi taillez-vous si loin de l'œil ?

R. Pour plusieurs raisons. D'abord, c'est qu'en taillant près de l'œil la moelle se dessèche, il se fait un vide qui retient l'eau ; cet état constant d'humidité pourrit la membrane qui sépare (dans la vigne) chaque œil. Cette membrane ou diaphragme est la partie où l'œil prend naissance, et par conséquent la vie. Aussi, dans nos voyages, combien avons-nous trouvé de vignobles où ce sarment, taillé trop près de l'œil, était resté sans pousser ? Les vignerons ne manquent jamais d'attribuer ce défaut à la gelée, au lieu de reconnaître leur mauvais travail.

Chacun sait que l'œil du haut est toujours le plus fructifère ; ensuite en taillant loin de l'œil, et dans le courant de février comme je l'ai dit, la partie voisine de la taille sèche et meurt. On sait que la séve ne peut passer dans une partie morte ; par conséquent, au moment de sa reprise, la séve a beau faire pression pour développer l'œil, elle ne peut, même en passant au-dessus de cet œil, se perdre en pleurs, comme cela a lieu si l'on taille près de l'œil. De plus, la séve qui a passé en dessus de l'œil revient le fortifier lorsque, par son développement, il attire cette séve en réserve. Ainsi, vous le voyez, j'ai pour opérer ainsi plusieurs raisons qui ne viennent pas d'une théorie de cabinet, mais d'une pratique sérieusement étudiée pendant un grand nombre d'années.

D. Maintenant que voici notre pied ou cep formé, quels sont les travaux à faire au moment de la végétation ?

R. Comme nous l'avons déjà indiqué, il faut, au moment de la végétation, enlever les pousses inutiles. Si l'on fait ce travail aussitôt le développement de la végétation, on sait qu'il sera facile, puisque lorsque la vigne commence à développer ses jeunes bourgeons ceux-ci ne tiennent presque pas ; mais, en faisant ainsi l'ébourgeonnement dès le début de la végétation, on court le risque d'abattre beaucoup de bourgeons ayant des grappes, entre autres les bouquets de mai, dont nous allons bientôt parler.

D. Alors comment opérez-vous ?

R. J'abats tous les bourgeons adventices ou faux bourgeons qui se développent sur la tige ou souche. Les personnes qui ont un peu remarqué, au début de la végétation, une vieille souche de vigne ont pu voir qu'elle porte le plus souvent une grande quantité de bourgeons adventices ; mais je laisse les végétations qui se développent sur les vieux bois des coursons, attendu que c'est le plus souvent dans les insertions des coursons d'un, deux et même trois ans que se développent les bouquets de mai. (L'insertion est le point de départ où une végétation de l'année prend naissance et se développe sur celle de l'année précédente.)

D. Il paraît, d'après ce que vous venez de nous

dire, que vous pratiquez la suppression des bourgeons inutiles en deux fois ?

R. Oui ; d'abord sur la souche ou cep, ensuite, douze à quinze jours après la rupture des principaux bourgeons ou pousses des yeux conservés sur les coursons ou sarments de l'année précédente ; le mode de travail qui m'a toujours réussi le mieux, c'est de n'opérer ce que l'on peut appeler le second ébourgeonnement qu'au moment de la fleur. A ce moment, il faut de nouveau ôter ce qui pourrait s'être une seconde fois développé sur la souche, et quelquefois au pied du cep.

Lorsque l'on fait l'ébourgeonnement définitif au moment où la fleur commence à se développer, il faut avoir soin de conserver les petits rameaux ayant des grappes, que l'on trouve sur les différentes parties d'un cep. Ces petits rameaux peu allongés qui portent une et deux grappes, dont la grappe termine assez souvent ces sortes de bourgeons, pourraient être avec raison appelés les *cochonnets* ou bouquets de mai de la vigne ; ils poussent, ou mieux s'allongent peu, donnent toujours de bons produits et coulent rarement (la coulure, je l'ai déjà dit, est marquée par de petits grains que l'on nomme dans beaucoup de vignobles les millassons ou grappes miliacées). Il faut souvent aussi, au moment de l'ébourgeonnement, laisser à l'endroit où l'on a taillé plusieurs rameaux sans produit, lorsque ces rameaux doivent servir l'année suivante à continuer à rabattre ou à commencer les têtes des ceps, suivant les circonstances.

Au moment où je parle de l'ébourgeonnement, je

dois faire observer que je vois avec peine, dans presque tous les vignobles, que ce travail, plus sérieux que l'on ne pense généralement, est livré aux mains des femmes et des enfants, et presque toujours fait sans discernement.

Cependant, pour bien faire l'ébourgeonnement, il faut distinguer les bourgeons de nature et de valeur si diverses qui se développent sur un cep.

Il y a : 1° le bourgeon principal, sorti des yeux qui ont été conservés au moment de la taille, que l'on nomme dans plusieurs localités *bourgeon vrai* ;

2° A la même insertion, au même point de départ que le bourgeon vrai, il se développe souvent un deuxième bourgeon que l'on nomme *contre-bourgeon* ;

3° A la base des coursons, à l'insertion du sarment ou bois de deux ans, il se développe souvent des végétations que l'on nomme *sous-bourres* ;

4° Sur les vieilles souches et par tout le corps des ceps, il se développe souvent des végétations qui, étant improductives, en général, pendant plusieurs années, ont reçu le nom de *faux-bourgeons* ;

5° A l'insertion des sarments d'un an, de deux et plus, et sur le corps des ceps, on trouve assez souvent de petites végétations munies de grappes que, à raison de leur végétation tardive et de leur produit, on nomme *bouquets de mai* ;

6° Sur les bourgeons de l'année, entre la feuille et l'œil qui se forme pour l'année suivante, il se développe une végétation que l'on nomme *sous-œil.*

Telles sont les végétations qu'il est indispensable de connaître pour bien faire l'ébourgeonnage. Je vais passer en revue, par un résumé, les opérations à faire subir à chacune d'elles.

Quelque temps après la végétation, aussitôt l'apparition des grappes, le bourgeon vrai et le contre-bourgeon seront arrêtés par la rupture à une feuille ou deux au-dessus de la dernière grappe du haut du jeune bourgeon ; la sous-bourre et le faux-bourgeon, laissés pour besoin, s'ils prenaient de la force en poussant vigoureusement, seront aussi arrêtés par la rupture.

Au moment de l'ébourgeonnement, si les bourgeons vrais ont assez de grappes, on enlèvera à la serpette, comme je l'ai déjà dit, les contre-bourgeons, les sous-bourres, sans grappes, ainsi que les faux-bourgeons. Les sous-bourres et les faux-bourgeons bouquets de mai avec des grappes seront toujours conservés. Ainsi que je l'ai dit plusieurs fois, c'est sur ces sortes de végétations que se trouve toujours le meilleur produit.

En aucune circonstance, et pour quelque raison que ce soit, on ne doit enlever les sous-œils : il faut les arrêter par la rupture à deux feuilles, mais non les arracher. Tous les écrivains viticoles, anciens et modernes, qui ont recommandé ce travail, font enlever, sans s'en douter, la récolte de l'année suivante. O routine et fausses théories ! quand fera-t-on justice de vous, et dans quel siècle arrivera-t-on à comprendre *que la nature n'emploie pas d'instruments inutiles ?*

D. Sont-ce tous les travaux qu'il y a à faire à la 3e année ?

R. Oui. Passons maintenant à la 4e année.

QUATRIÈME ANNÉE

La quatrième année (*fig.* 12 et 13), au moment de la taille fin janvier et courant de février, il faut, comme nous l'avons déjà dit plusieurs fois, supprimer avec la serpette ou le sécateur (1) tous les sarments inutiles ou qui sont en trop (suivant la force du cep), ainsi que les faux-bourgeons ou bourgeons adventices que l'on aurait pu oublier au moment de l'ébourgeonnage, les bouquets de mai, et, en un mot, tous les sarments qui ne doivent pas être conservés pour faire la taille, qui, autant que possible, doit se faire sur les sarments ou bois d'un an venus sur celui de deux ans.

Ces suppressions, on se le rappelle, doivent être faites à 2 ou 3 centimètres de long, en ayant soin d'enlever les yeux ou boutons-bourgeons en gemme.

Alors, la tige étant nettoyée et les sarments laissés en nombre suffisant, suivant la force du cep au pied, il faut tailler les sarments conservés à deux yeux

---

(1) Le sécateur bien conditionné est beaucoup plus expéditif que la serpette. J'ai fait apporter plusieurs améliorations à cet instrument; on le trouve sous le nom de sécateur Trouillet chez Stocker, rue Vieille-du-Temple, 131, Paris.

francs, non compris l'œil qui se trouve à la base du sarment, presque à son insertion sur le bois de deux ans. Cet œil se nomme en général sous-bourre ; dans d'autres vignobles on le nomme, vu sa petite forme, œil-de-perdrix.

Fig. 12. — 4e année, vigne en gobelet.

Si la tête des ceps a été bien préparée les années précédentes par la taille et l'ébourgeonnement, les coursons laissés après la taille doivent représenter un rond à peu près semblable à une coupe évasée. Si la vigne est dans les conditions ordinaires suivant une végétation moyenne, les coursons doivent être au moins au nombre de quatre A cet âge, j'en ai souvent laissé jusqu'à huit et même dix ; prenons une moyenne de six à sept ; en les taillant à deux yeux ils devront fournir de 12 à 14 bourgeons pour l'année suivante, munis en majeure partie de deux grappes chaque.

Fig. 13. — 4e année après la taille, vigne en fuseau.

D. Une fois la taille faite, que reste-t-il à faire jusqu'au moment de la végétation?

R. Il y a les travaux d'entretien et de propreté du sol à suivre, suivant les besoins de détruire les plantes parasites, travaux dont on trouvera l'explication plus loin.

Puis, au moment de la végétation, il faut faire l'ébourgeonnement sur la souche ou pied, comme nous l'avons indiqué à la troisième année ; ensuite, lorsque les jeunes bourgeons commencent à s'allonger, il faut, comme l'année précédente, attendre que chaque rameau ait développé ses grappes pour commencer la rupture. Les bourgeons qui n'ont pas de grappes, et qui doivent rester pour servir à la taille de l'année suivante, doivent être arrêtés, comme les autres, à la même hauteur. J'ai déjà dit que les rameaux qui se trouvent dans ce cas montrent des vrilles à la place des grappes; ensuite, au moment où la fleur commence, ce qui a souvent lieu quinze à vingt jours après la première rupture, on finit l'ébourgeonnement, en ayant soin de laisser les bouquets de mai (on se le rappelle, ce sont des petites pousses peu développées qui ont des grappes).

A la quatrième année de plantation, la vigne est presque formée. Il est certain que, quelques jours après l'ébourgeonnement, les sous-œils, s'ils ne se sont pas développés après la première rupture, poussent avec force, attendu que le système radiculaire, s'il est bien formé, aura développé beaucoup de racines, et que la tige aura également pris beaucoup de force.

Les sous-œils voisins du sommet de chaque rameau traité par la rupture, aussi bien que celui de l'extrémité, qui se développent lorsque la vigne est vigoureuse, doivent être rompus, aussitôt qu'ils ont atteint la longueur de deux ou trois feuilles (on se rappelle que le sous-œil est la petite pousse qui a lieu entre l'œil de l'année suivante et le pétiole ou queue de la feuille, sur le bourgeon ou rameau de l'année); par suite de cette rupture des bourgeons d'abord, ensuite des sous-œils, il se développe des seconds sous-œils sur les premiers. Ces seconds sous-œils, à leur tour, lorsqu'ils ont atteint la longueur de deux ou trois feuilles, doivent subir la rupture herbacée; ce troisième arrêt n'est utile que pour les jeunes vignes et pour les ceps vigoureux auxquels, souvent, on ne laisse pas, en les taillant, un assez grand nombre de coursons.

Ces ruptures répétées des bourgeons et des sous-œils donnent de la force aux grappes, qui s'emparent, pour en faire leur profit, de la séve ainsi concentrée par ces arrêts momentanés.

Souvent, après la seconde rupture, les vignes de faible végétation ne donnent plus que des petites pousses que l'on n'a plus besoin d'arrêter; mais les vignes à forte végétation repoussent souvent assez pour obliger de faire un troisième arrêt. Comme nous venons de le dire, quel que soit le nombre des arrêts que l'on fasse subir aux rameaux et sous-œils, ce travail doit toujours être fait à *l'état tout à fait herbacé* et près d'une feuille dont le diamètre n'excède pas une pièce de un franc; en aucun cas, on ne doit rompre un sarment ligneux. Si l'on se trouvait en retard pour la seconde rupture, dite des sous-œils, on devrait toujours la faire sur une petite feuille, quel que soit le nombre des feuilles; et lorsqu'un second sous-œil se développe sur le premier, on peut rabattre celui-ci près du second sous-œil, en ayant soin de ne pas arrêter ce dernier (1). Ces opérations seront terminées vers la fin de juillet, et à une époque antérieure dans les climats plus chauds où on les aura ainsi commencées plus tôt.

---

(1) Pour plus de renseignements sur les opérations à suivre pendant le cours de la végétation, voir mon tableau résumé : *Cep lithographié* avec texte, prix : 50 cent., *franco* 60 cent., chez l'auteur et chez A. Goin, libraire, rue des Ecoles, 82, Paris.

Ainsi, supposons que la vigne entre en végétation du 1er au 15 avril : 1° il faudra attendre que les bourgeons aient développé leurs grappes pour pouvoir faire le premier arrêt ou rupture du bourgeon herbacé, ce qui mènera vers les quinze premiers jours du mois de mai; 2° on mettra une distance de douze à quinze jours, quelquefois vingt, entre la première opération et la seconde, qui se fait en partie au moment de l'ébourgeonnement; ce dernier ne doit se faire qu'au moment de la fleur, qui, aux environs de Paris, n'a lieu le plus souvent qu'en juin. Après l'ébourgeonnement, si les sous-œils ne se sont pas développés, il est certain qu'ils se développeront rapidement; alors il faut en faire l'arrêt, comme je l'ai déjà dit. Après cet arrêt, les rameaux ne s'allongent pas pendant quelques jours, la vigne continue de pousser en agrandissant les jeunes feuilles près de la rupture; ces concentrations de séve, comme je l'ai dit, sont on ne peut plus utiles au développement du raisin. En résumé, si l'on fait la rupture sur une jeune feuille toute petite encore, on peut sans inconvénient, bien au contraire, avec avantage, faire l'arrêt autant de fois qu'on le croira nécessaire, jusqu'en juillet.

Dans les vignes d'une végétation ordinaire, une fois les opérations ci-dessus décrites terminées, il n'y a plus rien à faire jusqu'à ce que le raisin commence à mûrir; mais dans les vignes jeunes, vigoureuses et souvent trop peu chargées de coursons, il faut quelquefois répéter les arrêts ou ruptures.

D. Il paraît, d'après ce que vous venez de nous

dire, que lorsque le raisin commence à mûrir vous faites une dernière opération?

R. Oui, lorsque l'on traite les vignes par la rupture du bourgeon à l'état herbacé, les sous-œils qui se développent forment une grande quantité de feuilles qui sont on ne peut plus utiles à la plante et à la nourriture du fruit; mais lorsque vient le moment de la maturité, surtout dans le centre de la France et dans les années sombres et humides, il est quelquefois utile d'éclaircir cette touffe de feuilles pour donner accès à l'air et aux rayons du soleil. Dans ce cas, voici ce que je fais : avec le sécateur ou une bonne serpette, je coupe les sous-œils qui avoisinent les grappes à un œil de la base de leur insertion, ou, mieux, ne leur laissant qu'une feuille à partir de cette même insertion.

Tous les sous-œils qui se sont développés le long de chaque rameau étant coupés à une feuille, à l'exception d'un ou de deux par le haut, qui sont utiles pour continuer la végétation, le fruit a de l'air; le soleil projette ses rayons entre chaque rameau et pénètre à l'intérieur des têtes de chaque cep; le raisin mûrit mieux et plus vite que lorsqu'il est serré, ombragé et gêné par des attaches quelconques.

N. B. Depuis quelques années, au lieu de faire la suppression partielle des sous-œils, j'ai essayé de supprimer quelques feuilles pour donner accès à l'air et à la lumière au moment de la maturité; ce travail est plus expéditif encore que la suppression partielle des sous-œils et produit, à mon avis, le même effet. Il est bien entendu que ce travail d'effeuillement partiel et de suppression des sous-œils ne doit se faire que dans les années humides et dans les contrées où le raisin ne mûrit pas toujours très-bien ; au contraire, dans les pays chauds et dans les années sèches, il faut garder le plus de feuilles possible. Chacun a pu remarquer que le raisin mûrit toujours mieux étant légèrement ombragé qu'exposé complétement aux rayons du soleil.

D. Est-ce là tout ce qu'il y a à faire à la quatrième année?

R. Oui, aussi allons-nous passer sommairement sur le travail de la cinquième année, qui est semblable presque de tout point.

CINQUIÈME ANNÉE.

Lors de la cinquième année (*fig.* 14 et 15), quand les sujets sur lesquels on opère ont bien poussé, la vigne doit être formée. La tige, étant alors assez forte, peut se passer de soutien. On doit, à la taille, calculer le nombre de coursons à laisser, suivant la force de la tige ou tronc, ainsi que je l'ai dit plus haut. J'en ai souvent laissé jusqu'à dix qui, étant taillés à deux yeux, m'ont donné de quinze à vingt rameaux, dont la plupart avaient deux grappes; aussi se passe-t-il peu d'années sans que je possède des ceps ayant trente ou quarante grappes. Cette quantité de produits, qu'on obtient par l'effet de l'arrêt des rameaux qui ne laisse pas dépenser en pure perte une végétation inutile, n'épuise point les ceps pour les années suivantes. Au printemps de chaque année, je vois avec plaisir de vigoureux rameaux, avec deux ou trois grappes, se développer sur ces mêmes ceps qui, l'année précédente, m'ont donné un si beau produit.

La vigne étant formée, il ne reste plus qu'à suivre les principes ci-dessus décrits. Au fur et à mesure que la tige prend de la force, on doit augmenter le nombre des coursons en agrandissant les têtes qui, à la taille en sec de l'automne et du printemps, doivent représenter, comme je l'ai dit, la forme d'une coupe évasée, s'ils ont été réellement bien traités.

D. Au moment de la culture, première année, vous nous avez promis, après le travail de la taille, ébourgeonnement, rupture, etc., des première, deuxième, troisième, quatrième et cinquième années, de nous dire comment il faut traiter les jeunes plantes qui, au lieu de développer les yeux supérieurs, développent ceux du bas?

R. Lorsqu'un plant prend sa végétation sur les yeux inférieurs, il arrive que la tige ou pied ne peut avoir la longueur de 20 à 25 centimètres à partir du sol. Il faut, dans ce cas, au moment de la taille, conserver le plus fort sarment et le tailler de suite à la hauteur de 20 ou 25 centimètres du sol, y compris, bien entendu, la partie du plant qui supporte ce jeune sarment, lequel a pu se développer près de la base ou à quelques centimètres de hauteur.

Il faut mettre un tuteur pour soutenir ce jeune

sarment et l'attacher avec un osier; puis, au moment de la végétation, aussitôt le développement des bourgeons, il faut les abattre, à l'exception des deux supérieurs, qui serviront à fournir la tête du cep.

Fig. 11. — 5e année, vigne en gobelet.

D. Si le jeune plant a développé plusieurs sarments et que nous nous servions du plus fort pour refaire notre cep, que faudra-t-il faire des autres?

R. Les autres sarments seront taillés à 2 ou 3 centimètres de long, en prenant la précaution, que nous avons présentée en parlant de la taille, d'enlever les yeux avec un instrument tranchant. A la deuxième année, ce plant se trouvera dans les mêmes conditions qu'un jeune plant d'un an. Alors, on le traitera comme nous l'avons dit pour les deuxième, troisième année et suivantes.

Fig. 15. — 5e année après la taille, vigne en fuseau.

D. Combien doit-on laisser de coursons sur un pied ou cep lorsqu'il est formé, c'est-à-dire lorsque le cep est arrivé à l'âge de 6 ou 7 ans de plantation en place?

R. Nous ne pouvons donner de règle générale, attendu que c'est toujours la force de végétation qui doit guider. On peut, du reste, avant de tailler, examiner la force des sarments; s'ils sont trop forts, on laissera un plus grand nombre de coursons que l'année précédente; s'ils sont faibles, on doit en laisser un moins grand nombre que l'année précédente.

D. Plusieurs fois, vous nous avez dit que la tige ou

pied des vignes, que vous cultivez en gobelet, doit avoir de 20 à 25 centimètres de haut, sans coursons, à partir du sol; pourquoi choisissez-vous cette hauteur plutôt que toute autre?

R. Le soleil lance sur le sol ses rayons, qui y sont reflétés : il s'ensuit que la plus grande chaleur se trouve à environ 25 centimètres du sol; de 25 à 50 centimètres la chaleur varie peu; au delà de cette hauteur, le thermomètre baisse. Donc il faut, autant que faire se peut, avoir les raisins dans la zone la plus chaude. Bien qu'il soit admis par la majeure partie des vignerons que plus le raisin est près du sol et même sur le sol, plus vite il mûrira, nous sommes d'avis contraire par un grand nombre d'années d'essais. Il est vrai que le raisin qui touche le sol, étant chaque nuit imprégné d'humidité, changera de couleur plus tôt que le raisin plus élevé; mais il pourrira sans arriver à parfaite maturité, car la partie qui touche au sol ne mûrit jamais bien.

La Vigne en fuseau

D. Ne cultivez-vous pas la vigne en plein champ sous d'autres formes qu'en gobelet?

R. Depuis plusieurs années, je traite une assez grande quantité de ceps sous la forme dite *fuseau* (*fig.* 11); cette forme permet de faire les travaux du sol plus facilement; elle produit une tige ou souche plus longue, ce qui offre plus de chances de garantir de la gelée au printemps. Il est vrai qu'elle élève les raisins souvent plus haut que les 50 centimètres dont nous venons de parler à l'occasion de la forme en gobelet.

Ici se présente une question non encore résolue, et qui probablement le sera autrement dans le Midi que dans le Nord. Nous en proposons l'étude à tous les viticulteurs intelligents, qui sauront en apprécier la haute importance.

Dans les vignes en gobelet, les courants d'air s'établissent au-dessus des rameaux, qui sont en général à la hauteur de 50, 60 et quelquefois 70 centimètres; mais si la totalité des ceps étaient élevés par la taille en sec à la hauteur de 50 à 60 centimètres, les premiers coursons, à 20 ou 25 centimètres du sol, développant des rameaux de la base au sommet du cep ou souche en fuseau, le vent ne serait-il pas forcé de monter au-dessus de la végétation pour établir ses courants qui, en général, refroidissent l'atmosphère, et les raisins, quoique élevés du sol, ne mûriraient-ils pas bien par la concentration de la chaleur à travers la végétation? Voilà, suivant moi, une question qui est loin d'être résolue, car on ne cesse de répéter, et sur tous les tons, que les raisins les plus près du sol et même sur le sol mûrissent mieux que ceux qui sont plus élevés; cependant, depuis plus de dix ans, je remarque que certains ceps, plus élevés que les autres, n'en ont pas moins les raisins bien mûrs. De plus, sur les ceps que je traite sous la forme de fuseau, j'ai tous les ans des raisins à la hauteur de 80 et même 90 centimètres du sol, qui arrivent à une maturité parfaite. Divers avantages résulteraient de cette forme, comme nous l'avons dit; entre autres, la facilité du travail du sol, surtout par l'emploi de la charrue, les ceps ou souches étant élevés. En cas de gelée, s'il reste au printemps quelques bourgeons supérieurs non atteints, on sait qu'il suffit d'un seul bourgeon intact pour que la souche souffre moins et ponr empêcher la séve de faire irruption à travers l'écorce et se concréter au contact de l'air, ce que les vignerons nomment la gale de la vigne. Il est aussi des localités où l'on nomme cette maladie la *gale* ou *jarretière* des souches. On sait qu'une vigne atteinte de cette cause de détérioration finit prématurément. L'exhaussement des souches dans les sols bas ou humides, susceptibles de gelée au printemps, rendrait, à mon avis, de signalés services; les travaux de taille, ébourgeonnement, rupture, etc., etc., seraient rendus bien plus faciles, la hauteur des sarments étant plus à la portée des ouvriers.

D. Ne pourriez-vous pas nous donner quelques explications assez précises pour qu'il soit facile de faire l'essai de la culture de la vigne en fuseau?

R. Convaincu que les deux formes de la vigne, en gobelet et en fuseau, ont leurs avantages suivant les localités, voici, en quelques lignes, le travail à faire pour la culture en fuseau.

La première et la seconde année après la plantation, le travail est le même sur les jeunes plants en fuseau et en gobelet, à partir de la troisième année, au lieu de conserver les coursons qui s'évasent de côté pour former le gobelet et de supprimer la partie centrale qui souvent tend à continuer la tige, il faut conserver cette tige, tailler les coursons de manière à les en rapprocher, en donnant tous les ans une longueur d'un œil ou deux au plus à la partie supérieure qui doit allonger un peu la tige ou axe central. Pour plus de clarté, comme le travail de la taille, de l'ébourgeonnement et de la rupture est le même pour la culture en fuseau que pour la culture en gobelet, il suffira, à mon avis, de voir les dessins des fuseaux, troisième, quatrième et cinquième années (*fig.* 11, 13 et 15), pour se rendre compte de ce nouveau travail.

Transformation des vieilles vignes

D. Jusqu'alors, vous nous avez parlé du travail à faire à une plantation de jeunes vignes. Mais les vignes plus ou moins âgées, peut-on les traiter en les ramenant à vos principes?

R. Oui, mais cependant jamais avec autant de succès que sur une nouvelle plantation faite avec de bons plants en crossettes pris sur des ceps irréprochables de type, de vigueur et de produit. Cependant, comme je suis loin de commander l'arrachage des vignes susceptibles encore d'un produit passable, je vais donner *la manière de ramener les vieilles vignes traitées par les diverses cultures aux principes que je viens de décrire.*

PREMIÈRE ANNÉE

Lorsqu'une vigne a été traitée de quelque manière que ce soit, il faut, la première année, lors de la

Fig. 16. — Cep formé après la taille. — Vigne rétablie.

taille en sec, laisser un nombre raisonnable de coursons. Au printemps, au moment de la végétation, on laisse développer tous les rameaux jusqu'au moment où les grappes paraissent. Alors, comme je l'ai dit en traitant de la culture des trois premières années, on pratique la rupture à une feuille ou deux au-dessus de la dernière grappe du haut de chaque rameau; puis, douze ou quinze jours après ce premier arrêt ou rupture, au moment où la fleur commence, on fait l'ébourgeonnement. C'est alors, en ébourgeonnant, qu'il faut préparer les ceps en laissant des rameaux, même sans grappes à défaut d'autres, afin que, l'année suivante, il soit possible de commencer, lors de la taille en sec, la forme de coupe évasée ou de fuseau d'après ma méthode. Il faut aussi, en faisant l'ébourgeonnement, avoir soin de conserver tous les bouquets de mai : on trouve ceux-ci plus souvent sur les vieux ceps que sur les jeunes. Pour rétablir la tête des ceps, au cas où on a été obligé de garder des rameaux qui, partant de la souche, sont laissés jusqu'à la hauteur du sommet des tiges déjà existantes, c'est-à-dire ayant 20 ou 25 centimètres de haut, il faudra traiter ces ceps cette année et les années suivantes comme une jeune vigne. Puis, si ce jeune sarment est trop faible pour se soutenir, on lui appliquera un tuteur pendant trois ou quatre années.

SECONDE ANNÉE

La deuxième année du rétablissement d'une vigne,

il faut, au moment de la taille en sec, supprimer tous les rameaux qui, l'année précédente, avaient été laissés pour le produit, et dont la position ne permettrait pas d'évider l'intérieur de la tête des ceps ; il faut ensuite tailler à deux yeux ceux que l'on désire garder. Ceci regarde la conduite en gobelet. Si, au contraire, on conduit en fuseau, on conserve une tige centrale, on taille tous le sarments à deux yeux. A la végétation, on traite les jeunes pousses que l'on a conservées pour former la tête des ceps de la manière indiquée plus haut, suivant les principes applicables respectivement aux première, deuxième, troisième et quatrième années.

Souvent, pour rétablir une vieille vigne, afin de la traiter par la rupture du bourgeon herbacé, sans emploi d'échalas, il faut, au lieu de ne conserver qu'une seule tige, en laisser plusieurs partant de la souche. Souvent encore, quand les ceps sont trop rapprochés, je me sers de deux ceps pour former une seule tête, c'est-à-dire qu'avec deux ceps je ne forme par la taille qu'un seul rond, qui ressemble, après la taille en sec, à une coupe évasée. Par ce moyen, si les ceps se trouvent trop rapprochés, on peut ne pas en arracher et les traiter par la rupture ou pincement sans échalas ni attaches. La forme fuseau s'accommode mieux des tiges rapprochées.

Cette nouvelle manière de traiter la vigne demande peu de main-d'œuvre, et les ceps produisent beaucoup plus qu'étant attachés, parce que l'air passe plus facilement entre les rameaux libres; de plus, le raisin mûrit plus vite. Si la maladie (l'oïdium) atteint la vigne, le soufrage se fait rapidement et avec la plus grande facilité. En 1854, j'ai fait le soufrage à sec sur une plantation de cinq ares, en moins de trois heures.

D. En faisant le travail sur des vieilles vignes pour les ramener à vos principes de taille, forme, rupture, etc., n'êtes-vous pas quelquefois obligé de couper de fortes branches ? Comme nous avons vu que vous craignez les plaies, comment faites-vous ce travail ?

R. Je crains, il est vrai, les plaies, et je suis convaincu que, si on traitait convenablement la vigne dans son jeune âge, les ceps que l'on voit si souvent vieux avant le temps n'auraient pas cet air maladif, décrépit, et n'arriveraient pas aussi vite à la caducité. Si donc je suis obligé de couper une ou plusieurs fortes branches, je le fais en laissant un moignon ou onglet de 5 à 10 centimètres, de manière à garantir le cep de l'air et la gelée, qui toujours, si on a coupé au ras, sèchent, brûlent et fendillent la plaie. Si alors tous les désordres d'une plaie se passent à l'extrémité du moignon, la base reste saine pendant de longues années et la séve peut circuler sans être arrêtée par des parties mortes.

Notons en passant que le bois de la vigne est d'une contexture particulière et différente du bois des autres arbres fruitiers. Dans la vigne, les rayons médullaires partant du centre à la circonférence sont tellement développés qu'ils sont visibles à l'œil nu ; l'air, le soleil, la pluie, la sécheresse et la gelée pénètrent donc facilement dans les parties d'une plaie. Voilà, suivant nous, pourquoi les plaies causent tant de ravages sur ce végétal. Avec les petites parties de sarment ou onglets laissés par notre taille, on évite en grande partie l'inconvénient des plaies.

D. Dans votre 3e édition vous aviez un article intitulé : *Transformation des vieilles vignes en jeunes vignes et repeuplement des places vides.*

R. Je laisse subsister cet article tout en continuant de conseiller le remplacement des vieilles vignes après fumure et défoncement, par des bons plants issus de pépinières et en crossettes, que je continue à croire préférables à tous les autres moyens de reproduction.

Si le problème d'avoir toujours de jeunes vignes était résolu, il est certain que l'on aurait rendu un grand service à la viticulture ; surtout si, en faisant la transformation de vieilles vignes en jeunes, on ne manquait jamais de récolter. Je ne prétends pas avoir atteint complétement ce but tant désiré des viticulteurs en général ; cependant, je ne puis passer sous silence les résultats obtenus par un grand propriétaire de vignes, M. Brenier, résultats qui sont le fruit de nos études en commun, et qui méritent, selon moi, d'être étudiés par les viticulteurs.

Je n'ai pas besoin de le répéter : à mon avis, toute végétation ne peut être bonne qu'à la condition d'un bon système radiculaire ; or, quel que soit le moyen employé, si l'on parvient à atteindre ce but, on a réussi.

On se rappelle, sans doute, qu'au commencement de cet ouvrage j'ai dit, en parlant des marcottes comme plant : « Ces plants ne valent presque jamais

« rien, attendu qu'ils ont un bout sans racines, et « que, si on les plante sans les couper près d'une « couronne de racines et près d'un œil, le méso- « phyte ou recouvrement par un bourrelet du bout « des plants ne peut avoir lieu; alors, le mésophyte « artificiel manque, et le plant languit.» Cependant, je dis un peu plus loin : « On peut se servir des mar- « cottes comme plant, en les disposant, avant de « les planter, de manière à en faire à peu près des « chapons,» et j'indique le moyen que j'emploie depuis plusieurs années et qui me réussit assez pour que j'aie obtenu, sur des ceps ainsi traités, huit, dix et même onze grappes de raisin par cep à la troisième année de végétation, sur le bois de deux années. Ceci est un assez beau résultat, qui prouve une fois de plus qu'en venant en aide à la nature on est toujours récompensé. Si donc, en coupant un plant près d'un œil où se trouve une couronne de racines, on a un plant vigoureux, tout en l'arrachant et en le replantant, celui-ci, n'étant pas arraché et étant traité convenablement, ne peut donner un moindre résultat. Partant de ce principe, nous nous sommes mis à l'œuvre, et, dans de vieilles vignes plusieurs fois provignées, nous avons fait faire des défoncements en coupant les vieilles souches qui se trouvaient aux endroits où l'on défonçait le terrain. Ce défoncement doit se faire, pour la profondeur, suivant les règles que j'indique à l'article *Plantation*; quant à la distance, il faut toujours que l'on ait 80 centimètres à 1 mètre carré, afin que, plus tard, lorsqu'on défoncera les parties qui avoisinent le plant (ainsi que je vais le dire), on ne coupe pas trop de racines. Il est bon d'observer que l'on ne doit faire de défoncement que près d'un endroit où il y a un grand sarment qui peut être mis en terre sans être détaché de la souche, comme on peut le voir *fig.* 17. Le terrain étant alors défoncé, amendé ou fumé convenablement, on opère de la manière suivante, comme l'indique la *fig.* 17. On fait un trou en terre de 15 à 18 centimètres de profondeur; on relève le grand sarment le long de la vieille souche; on le courbe ensuite jusqu'à ce qu'il touche le fond du trou; puis on relève le bout de ce grand sarment. Ce travail doit se faire de manière que la partie descendante du sarment adhère à une paroi du trou, et que la partie remontante soit collée à la paroi opposée, de telle sorte que, dans le fond du trou, ce sarment forme l'anse de panier renversée; autrement, si on relevait ce sarment trop brusquement, on le romprait, et le résultat serait certainement moins bon. Il faut bien observer aussi qu'il doit se trouver un œil à la base de la partie du sarment qui se relève, c'est-à-dire au commencement de sa direction verticale; c'est près de cet œil que se formera une couronne de racines qui, l'année suivante, servira à faire un nouveau plant, lequel ne sera pas arraché. Lorsque le trou est comblé et que le sarment est recouvert de terre sur la partie recourbée, il faut le tailler à deux ou trois yeux au plus, hors de terre, sur la partie relevée, comme cela est indiqué par un trait fait au-dessous du quatrième œil.

Au moment de la végétation, au printemps, il ne

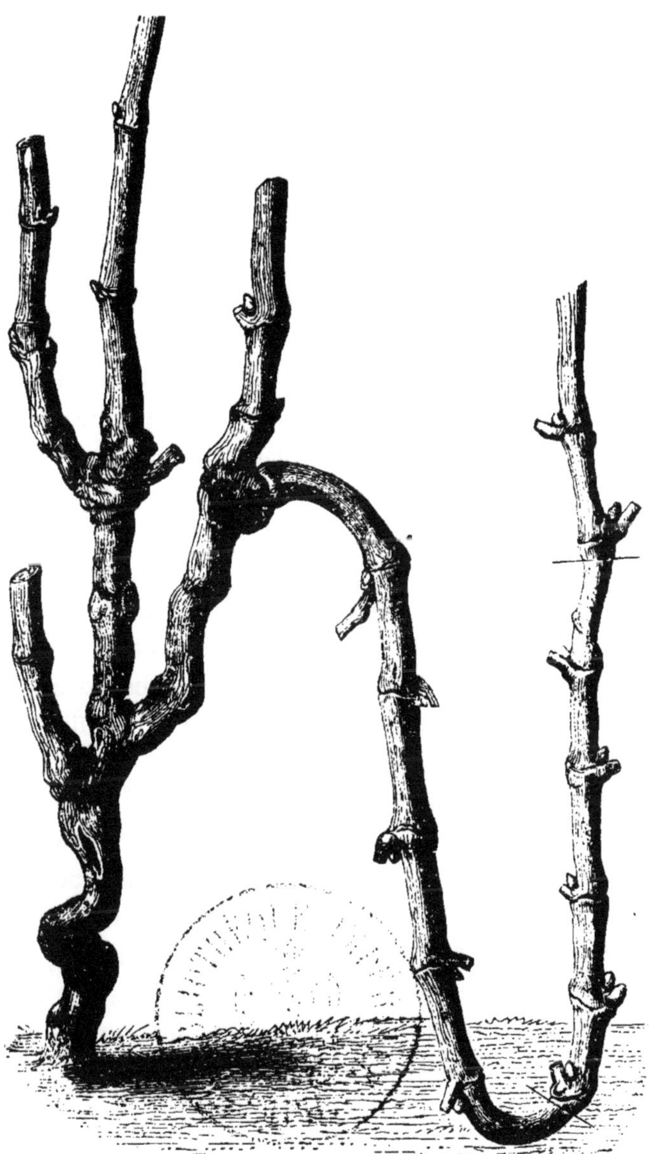

Fig. 17. — Cep de vigne rajeuni.

faut rien laisser pousser sur la partie du sarment qui descend en terre ; il faut l'éborgner, c'est-à-dire abattre les yeux aussitôt qu'ils se développent : ce travail force la séve à se porter avec plus de force dans la partie relevée.

Les deux ou trois yeux qui sont laissés sur la partie relevée doivent être traités par la rupture ou pincement, de la manière suivante : au moment de la végétation, lorsque chacun des rameaux a développé ses grappes, il faut l'arrêter à une feuille ou deux au-dessus de la dernière grappe du haut de chaque rameau, puis suivre, pendant la végétation, les indications que je donne pour les deuxième, troisième et quatrième années.

L'année où l'on fait la marcotte, il faut lui donner un tuteur, puis l'y attacher avec un osier. Souvent, comme pour les jeunes plants, ce tuteur a besoin de rester trois et même quatre années, jusqu'à ce que la tige ait assez de force pour se soutenir seule. Les petits échalas, ceux même qui se trouvent cassés en deux, suffisent pour cet usage.

A l'automne de l'année de la mise en terre de la marcotte, ou au printemps de l'année suivante, on peut la séparer de la mère. Il faut même, de toute nécessité, opérer cette séparation, attendu que la marcotte laissée deux années sans la détacher de la mère épuiserait cette dernière, et le nombre et la force de ses racines tendraient plutôt à diminuer qu'à augmenter.

Pour opérer la séparation, voici comment il faut s'y prendre : avec un hoyau, une bêche ou tout autre outil, on fait un trou sur le côté à droite ou à gauche, en descendant en terre un peu plus bas que la partie courbée; puis, avec une serpette ou un sécateur (celui-ci est beaucoup plus commode), on coupe près de l'œil qui se trouve à la base de la partie relevée, si toutefois il y a là une belle couronne de racines (voir la *fig.* 17, où se trouve un trait fait en terre). En résumé, comme on peut visiter le plant sans l'arracher ni le déplacer, il faut de préférence couper toujours au-dessous d'un œil, mais au-dessous de l'œil où il s'est développé le plus de racines. L'année de séparation, ce jeune plant poussera peu, mais assez pour donner du produit et pour former à la deuxième année un plant vigoureux. Si on peut ainsi former des jeunes plants à volonté sans manquer une seule année de récolter, il est facile de ne plus avoir de vieilles vignes.

Le repeuplement des places vides peut aussi se faire de la même manière, en ayant soin, toutefois, de garder un long sarment, près de la place que la marcotte doit occuper.

Pour arriver à transformer les vieilles vignes en les rajeunissant, je pense que le moyen le plus facile et le plus prompt serait de faire des tranchées de 1 mètre de largeur, soit en long, soit en travers de la pièce de vigne à rajeunir; puis de laisser entre chaque tranchée 2 mètres de distance, sur lesquels ou ne ferait pas de défoncement. Les ceps qui se trouveraient dans cette partie de terrain non défoncée serviraient, avec leurs longs bois, à faire des marcottes dans la partie défoncée; puis, à la troisième année, les nouveaux plants pourraient, à leur tour, fournir de longs bois, afin de faire des marcottes après le défoncement des parties qui n'auraient pas été défoncées lors de la première opération.

On voit, par ce simple exposé, que l'on peut rajeunir les vignes pour ainsi dire à volonté. Un avantage non moins grand, c'est qu'on peut ne pas garder de mauvais ceps, et qu'en arrachant un cep on peut, à la place qu'il occupait, faire le défoncement du terrain, sans crainte de trouver des souches en terre, ce terrain n'étant plus sillonné par une multitude de sarments, à mon avis inutiles.

Quelques viticulteurs ont cru remarquer que les rajeunissements faits avec la sauterelle ne valaient pas ceux faits avec de bons plants crossettes ayant passé une année en pépinière, et pris sur de jeunes ceps de 4 à 10 ans. J'ai essayé ce moyen : dans des places vides, après l'arrachage de vieux ceps, j'ai planté de bons plants chevelus qui ont très-bien poussé, et à la troisième feuille sur le bois de deux ans m'ont donné des raisins, il faut l'avouer, plus beaux que ceux des plants provenant des sauterelles. Mais en faisant le rajeunissement avec des plants chevelus, il faut savoir attendre un produit sérieux pendant trois ans. Je laisse donc aux propriétaires le soin de faire comme moi des essais répétés, avant de se prononcer sur le meilleur des deux moyens.

De la Coulure

D. Que pensez-vous de la coulure, c'est-à-dire des petits grains sans pépins que l'on nomme aussi dans plusieurs vignobles *millassons* ?

R. La coulure du raisin a des causes dont nous n'avons vu nulle part une explication satisfaisante.

La principale cause, à notre avis, vient du cep atteint d'un vice organique. Les plants dits chapons, ou boutures simples, sont généralement dans ce cas. Voici, pour nous, un fait irrécusable. En 1855, il nous fut adressé *cinq* plants d'une même variété : *trois* étaient en chapons ou boutures simples ; *deux* se trouvaient avec du bois de deux ans à la base. Nous préparâmes ces deux sarments en crossettes. Les cinq plants furent plantés ensemble dans le même sol. A la troisième feuille de végétation, nous avions déjà quelques raisins; nous remarquâmes alors que les deux plants en crossettes avaient les grappes garnies de beaux grains bien formés, tandis que les trois plants en chapons avaient beaucoup de petits grains. Depuis lors, il en est toujours de même chaque année ; cependant le sol, l'exposition, le travail de la taille, de la rupture, etc., sont les mêmes. Pourquoi cette différence dans le produit ? Pour nous, il n'y a d'autre cause que la différence de la crossette au chapon, puisque les plants ont été pris sur le même pied. Il faut, du reste, reconnaître que les trois plants faits par boutures simples ou chapons poussent tous les ans de plus forts sarments que les plants en crossettes. Avis aux amateurs qui préfèrent le bois au raisin et qui suivent la viticulture de cabinet.

Une autre cause non moins sérieuse de coulure provient de plants pris sur des ceps dégénérés. On se rappelle ce que nous avons dit du soin à prendre pour avoir de bons ceps.

L'organisation de la fleur de la vigne prédispose aussi ce végétal à la non fécondation des pépins, attendu que dans la fleur de la vigne il y a absence de style ; le style est, comme on sait, cette sorte de pédoncule qui relie dans le pistil le stigmate à l'ovaire.

Il résulte de cette disposition organique une surface concave, au lieu d'une colonnette flexible, et l'on comprend dès lors que la pluie fine et le brouillard restent dans la concavité du stigmate du pistil et n'en peuvent être délogés par le vent aussi facilement que d'un stigmate armé d'un long style. D'où, comme conséquence naturelle, l'impossibilité pour le pollen de venir se mettre en contact avec l'orifice du stigmate, et, par contre, l'impossibilité d'opérer la fécondation.

Aussi ne suis-je pas de ces personnes qui craignent, lors de la floraison, d'entrer dans leurs vignes après une pluie ou un brouillard. Je suis, au contraire, entièrement d'accord à ce sujet avec un viticulteur bourguignon, M. Petit-Jean, qui prétend qu'on ferait très-bien, dans ces cas, de s'armer d'un bâton matelassé et d'en frapper légèrement le pied de chaque cep. Cette opération, bien certainement, atténuerait beaucoup la coulure (1) si elle ne l'empêchait entièrement.

On peut encore assigner d'autres causes à la coulure.

La première vient d'un soleil trop ardent après une petite pluie; dans ce cas, le soleil sèche l'eau retenue sur le stigmate et en bouche l'orifice.

La seconde a lieu, en temps de sécheresse, par l'effet prolongé d'un soleil brûlant. Si alors on observe attentivement ce qui se passe, on voit que le stigmate, à peine débarrassé de la corolle et mis en contact avec les rayons solaires, se flétrit et sèche.

Enfin, en troisième lieu, la coulure est souvent occasionnée par les plaies que l'on fait inconsidérément au cep. Ces plaies donnent naissance à des parties mortes qui pénètrent vite jusqu'à l'intérieur des plus forts pieds et entravent l'ascension de la séve au moment où la vigne en a le plus besoin.

Nulle part les vignes ne sont plus exposées à la coulure qu'en Champagne, mais nulle part non plus le provignage n'est aussi en honneur que dans ce pays !...

Dans les années où la vigne est exposée à la coulure par suite des intempéries du printemps, la rupture du bourgeon à l'état herbacé ou pincement peut contribuer à y porter remède. En effet, cette rup-

(1) Le cordage des blés est une opération analogue dont l'utilité n'est pas contestée.

ture, après un arrêt momentané de la séve, donne de la consistance aux rameaux et renforce naturellement les grappes, qui alors se développent avec plus de rapidité et se disposent à fleurir plus tôt Il résulte du phénomène qui se passe alors un effort végétatif qui nécessairement atténue la coulure et ses effets.

La rupture a encore un autre mérite, c'est d'empêcher, par le rapide développement de végétation qu'il opère, le ver, appelé dans bien des endroits *ver de nil*, *cochilis* ou *pyrale* de la grappe, d'occasionner autant de dégâts ; cet insecte, lors de l'apparition de la grappe, et un peu avant la floraison, enveloppe plusieurs graines par de petits filaments en forme de toile d'araignée et s'en nourrit. On comprendra facilement que, la végétation étant hâtée par la rupture, cet insecte n'aura pas le temps de s'établir sur la grappe, parce qu'au moment de son travail la vigne sera défleurie, et qu'il ne trouvera plus alors les éléments convenables à sa nutrition.

En résumé, la coulure, dans les vignes pincées, n'a pas le temps de faire autant de progrès. Cette opération de la rupture des jeunes rameaux, qui aurait dû être pratiquée au début de la culture de la vigne, si la vie de ce végétal avait été mieux étudiée, se trouve ainsi expliquée par M. Bailly de Merlieux, dans l'*Encyclopédie portative*, tome II, page 53 : « Cette opé-
« ration consiste à accumuler la séve dans les or-
« ganes; et si elle arrête la coulure, c'est parce
« qu'elle concentre l'action de l'acide carbonique
« et de la chaleur dans ces mêmes organes. »

De la Gelée

D. Quelle est votre opinion sur la gelée des jeunes bourgeons de la vigne au printemps?

R. La gelée est bien souvent, au printemps, un grand fléau pour les viticulteurs ; aussi s'est-on beaucoup occupé de cette question depuis plusieurs années, et il s'est naturellement produit à ce sujet bien des systèmes contradictoires. Les uns ont prétendu que la vigne gelait de bas en haut ; les autres, de haut en bas ; d'autres, enfin, du nord au sud.

Toutes ces opinions ont eu pour résultat l'essai d'une foule de systèmes aussi infructueux et aussi impossibles les uns que les autres.

Pour ce qui me concerne, je ne me suis jamais demandé comment la vigne gelait ; ce que je sais, ce que l'expérience et l'observation m'ont démontré positivement, c'est que les vignes basses, c'est-à-dire à coursons rapprochés du sol par l'effet de la taille, gèlent facilement, tandis que les vignes plus élevées au-dessus du sol, celles qu'on appelle vignes sur souches, sont beaucoup moins maltraitées

Il est un fait incontestable, c'est que si, sans s'inquiéter de savoir comment la gelée se produit, l'on pouvait garantir les pieds gelés contre l'action du soleil levant, au moyen d'abris quelconques, toiles, paillassons, feuilles, branchages, etc., etc., on en éviterait ainsi toutes les conséquences et tous les inconvénients : la gelée, en se fondant tout doucement, se transformerait en rosée, et la nouvelle pousse ne serait pas attaquée. Mais ce remède est inapplicable dans la grande culture, et il présenterait les plus grands embarras pour le remisage des abris pendant au moins neuf mois de l'année, outre l'augmentation du prix de main-d'œuvre qu'il entraînerait.

L'*enfumage* est également un moyen efficace et rationnel. Tout le monde le connaissant, nous nous dispensons de le décrire.

On préconise beaucoup en ce moment une méthode préservative, d'une exécution facile et peu coûteuse ; mais je n'en parle ici que pour mémoire, n'ayant pas eu l'occasion moi-même de l'expérimenter. J'engage, toutefois, les viticulteurs à en faire l'essai, parce que, s'il y avait réussite, ce serait un progrès immense qui entraînerait des conséquences incalculables. Ce moyen consiste, à l'époque où la gelée est à craindre, à semer à la volée, dans les vignes, du plâtre cuit, comme cela se pratique pour les prairies artificielles. On voit combien cette méthode serait expéditive et quelle mince dépense elle occasionnerait, puisque partout en France le plâtre se trouve en abondance et à bas prix. Bien que jusqu'alors je n'aie pas trouvé un moyen certain de garantir la vigne de la gelée, je n'en ai pas moins la certitude qu'elle se fait plus sentir dans les terrains nouvellement remués que dans ceux dont les labours sont faits depuis longtemps.

A cet effet, et pour éviter le labour au printemps

de mon terrain planté en vigne, depuis plusieurs années, à l'automne, après la chute des feuilles ; je fais relever environ 5 à 6 centimètres de terre par tout le terrain en déchaussant très-légèrement le pied des ceps, et avec cette terre je fais faire entre les ceps des buttes en cône de 40 à 50 centimètres de haut.

Comme j'ai aussi remarqué que les vignes dont le terrain est couvert d'herbes gèlent plus que celles dont le terrain est propre, pour arriver à ce double résultat, je fais donner un ratissage fin février ou au commencement de mars, si la terre n'est pas gelée, à mon terrain en relevant ou rehaussant les buttes autant que faire se peut ; ensuite je ne fais répandre ces buttes que lorsque la gelée n'est plus à craindre. Par ce moyen je n'ai que peu d'herbe dans ma vigne, et pas de labour à faire au printemps.

Voici un autre avantage très-grand de ce mode d'opérer : les feuilles de la vigne et les herbes ramassées dans les buttes pourrissent ; la gelée et les neiges désagrégent la terre ainsi soulevée avant l'hiver, et le plus souvent, en répandant ces monticules enrichis de détritus, on y trouve de l'humus en quantité ; la terre de ces buttes est douce, et pendant toute l'année on fait les ratissages dans un sol léger et facile à travailler.

Ce moyen de travailler la terre des vignobles offre aussi au propriétaire l'avantage de procurer aux vignerons de l'ouvrage à une époque où on a peu de travaux à leur donner et de les rendre disponibles pour les opérations printanières.

J'aime à croire que ces quelques lignes détermineront l'adoption de ce mode de culture, qui déjà dans maintes localités a donné de bons résultats.

Labours des terrains plantés en vigne

D. Vous venez de nous parler du travail des terrains plantés en vignes : ne pourriez-vous pas nous dire s'il y a longtemps que vous ne labourez plus et nous exposer ce travail en détail?

R. Depuis onze ans je ne fais plus de labours, et, loin que mes vignes en souffrent, j'ai la certitude qu'elles sont en meilleure condition que lorsque je faisais les labours profonds au mois de mars.

Voici comment j'opère : après les vendanges, je fais et quelquefois fais faire les buttes entre les ceps, comme je viens de le dire, en relevant environ 5 à 6 centimètres de terre sur tout le terrain, déchaussant légèrement par ce travail les ceps. Si les vignes sont plantées en lignes, ce travail est facile : on fait les buttes entre les lignes, et l'on a de la place pour les faire aussi fortes qu'on le désire. Mais si les ceps, par suite de provignage, couvrent tout le terrain, les buttes sont moins faciles à former, et l'on n'a pas toujours de la place pour les faire aussi fortes qu'on le désire ; cependant cela ne doit pas arrêter, car nous avons vu des vignobles où les ceps se trouvent en mélanges (nom que l'on donne aux vignes qui ne sont pas en lignes) distants quelquefois à 25, 30 et

35 centimètres les uns des autres, et cela n'empêchait pas de mettre le terrain en butte à l'automne. Lorsque les buttes sont faites peu de temps après la vendange, il germe et se développe une grande quantité d'herbes annuelles. Voici ce que je fais depuis longtemps : vers le mois de décembre ou de janvier, par une matinée où la gelée est à plus de 5 degrés, on prend un balai et l'on va frotter le terrain, le matin, avant le lever du soleil ; chaque fois qu'il gèle assez fort, les végétaux herbacés deviennent cassants ; en passant le balai dessus, ils se brisent au niveau du sol, le plus souvent au-dessous des cotylédons, et ne repoussent plus. Ce moyen si simple de purger le terrain de plantes inutiles tend à se propager, et nous avons la satisfaction de le voir mis en pratique dans beaucoup de vignobles, vu la rapidité avec laquelle il se pratique, car il faut à peine quelques heures pour nettoyer dix ares de terrain.

Ce travail n'exclut pas le léger ratissage que l'on doit faire fin février ou commencement de mars après la taille, ratissage que l'on ne doit pas négliger si l'on veut ne pas avoir d'herbes dans le terrain et ne pas être obligé de toucher au sol à la reprise de la végétation, époque où les gelées sont tant à craindre pour les jeunes bourgeons de la vigne.

D. Vous venez de nous parler du travail que vous faites aux terrains plantés en vigne ; mais si vous avez des engrais à y mettre, comment les mettez-vous sans labourer ?

R. Après avoir mis mon sol en buttes, je répands les engrais par tout le terrain, sur et entre les buttes, en prenant la précaution de le mettre à l'automne, afin que les pluies et la neige de la saison d'hiver le lavent et entraînent les sels dans le sol vers les racines. Les gelées passées, fin mai et commencement de juin, en abattant les buttes, il se trouve mélangé au sol et couvert en partie; ce moyen m'a toujours réussi. Cependant quelques propriétaires, craignant la fumure en couverture, bien que ce moyen tende à se généraliser, ont fumé avant de faire les buttes et ont fait ces monticules en y renfermant autant que possible l'engrais; j'ai vu ce travail, je l'ai suivi, et les deux manières d'opérer ont donné de bons résultats.

Acarus ou grise des feuilles

D. Vers la fin de juin ou commencement de juillet, on voit assez souvent les feuilles de la vigne prendre une teinte jaunâtre ; ce jaune pâle de la feuille continue en laissant disparaître le vert ordinaire des feuilles : ne pourriez-vous pas nous dire ce que vous pensez de cette altération des feuilles?

R. Nous connaissons en arboriculture un petit insecte qui ressemble assez à un petit pou ; on le nomme vulgairement *tigre sur feuille* ; les jardiniers le nomment la grise, parce que, se mettant sur la partie inférieure de la feuille, il la ronge et la feuille devient comme tachée d'un gris sale. Cet insecte est de la famille des *acarus;* c'est lui qui, s'attaquant aux feuilles de la vigne, sur la partie inférieure, la détériore; les acarus sont en si grand nombre et si petits, qu'ils passent le plus souvent inaperçus. Le seul moyen qui nous a réussi pour rendre un peu de vie aux feuilles et chasser en grande partie ces insectes est le soufrage à sec par un beau temps et en plein soleil.

Durée des vignes sur souche

D. Que pensez-vous de la durée des vignes plantées verticalement et sur souche?

R. J'ai des vignes de quinze ans de plantation taillées en coursons et traitées par la rupture depuis la plantation : ces ceps sont tous les ans de plus en plus vigoureux. Pour mon compte, je ne puis assurer que ce que j'ai fait; mais près de chez moi, dans la même commune, il se trouve une vigne plantée peu profondément en 1790; il en reste encore plusieurs pieds qui n'ont jamais été provignés et qui sont on ne peut plus vigoureux. Enfin, dans un de mes voyages dans le Mâconnais, j'ai vu une plantation qui n'a jamais été provignée et qui a *plus de deux siècles*. D'après cela, je ne doute pas qu'un bon plant, muni de bonnes racines, bien traité par la taille et les autres opérations, ne soit susceptible d'une longue existence.

Des dépenses de la culture de la vigne

D. Quelle est la différence de temps qu'il peut y avoir entre votre système et l'ancien mode à l'échalas?

R. L'échalassement, dans la culture actuelle de la vigne, a toujours été une servitude ruineuse pour le viticulteur. Quand j'aurai dit que, pour la France seulement, cette opération exige l'avance d'un milliard en capital et de 200 millions de frais annuels, on comprendra l'immense importance du problème que j'ai cherché à résoudre et l'avenir certain qui est réservé à la culture des vignes sans échalas.

Avant d'aller plus loin, je tiens à justifier les chiffres énormes que je viens d'avancer, car leur preuve est la certitude pour moi du triomphe de mes idées.

On cultive la vigne, en France, sur une étendue de plus de 2 millions d'hectares, dont moitié seulement est échalassée, soit 1 million d'hectares.

L'échalassement, lors de la création d'une vigne, est de 1,000 francs par hectare, soit par conséquent pour 1 million d'hectares 1 milliard.

Les années suivantes, les frais de fichage, défichage, et l'intérêt de la première mise de fonds, toujours calculés sur 1 million d'hectares, montent annuellement à 200 millions de francs.

Ajoutez à cela que l'action de l'air fait subir au

bois une dépréciation telle, qu'au bout de trente ans environ tout est à recommencer.

On comprend facilement que, devant de pareilles dépenses, le monde horticole et viticole se soit ému, et que, sous les impressions que je viens de tracer, le congrès de Dijon, en 1844, se soit demandé s'il n'existerait pas un moyen de diminuer d'aussi énormes dépenses, et si, par exemple, des fiches en fer, plantées de loin en loin et reliées entre elles par des fils de fer, où seraient attachées les pousses de l'année, ne remplaceraient pas avantageusement les échalas.

Mais à peine ce mode de procéder était-il proposé qu'il était abandonné; la dépense était encore très-grande; c'était, pour les ouvriers, un embarras continuel dans leurs travaux de culture; et puis enfin, pour mettre facilement en pratique ce mode d'échalassement, il aurait fallu que les ceps fussent toujours en ligne droite, et tout le monde sait qu'une vigne plantée régulièrement dès l'origine, finit toujours par avoir ses lignes rompues et contournées, à cause des provignages, fosses et autres procédés de la culture actuelle.

Bien d'autres systèmes ont été proposés, non pour supprimer les échalas, mais pour y suppléer. Dans certaines localités, on a essayé le schiste (pierre lamelleuse); aujourd'hui on propose des échalas en terre cuite, qui resteraient continuellement en terre. Suivant l'auteur de cette proposition, il n'y aurait pas de frais de fichage ni de défichage; mais alors reviennent, comme pour les fiches et les fils de fer, les difficultés du travail pour les labours et les ratissages.

Outre tous les inconvénients que nous venons d'énumérer comme attachés à l'échalassement, il en existe encore un, et qui n'est pas le moindre : c'est le liage.

Le liage, de quelque manière qu'il puisse se faire, et quelle que soit la nature des échalas, forme toujours un tampon qui gêne la circulation de l'air et intercepte la lumière, deux agents indispensables pour la qualité du produit, et qui nuit à la formation des yeux pour la taille de l'année suivante, et enfin à la formation de la lignine ou bois.

C'est sous l'empire de tous ces inconvénients de l'échalassement qu'un auteur, dont le nom est une autorité en agriculture, M. Joigneaux, s'est écrié, dans un ouvrage publié en 1852 sur la vigne et sa culture : « Creusez-vous la tête! Celui qui sortira le « vigneron des mains du marchand de bois sans que « les vignes en souffrent, aura rendu le plus grand « service que l'on puisse rendre à l'homme. »

J'ai cherché à rendre ce service, et, plus que jamais, je crois avoir atteint mon but par la culture en fuseau ou en gobelet.

Lorsque la vigne est abandonnée à elle-même, elle pousse avec tant de vigueur, qu'elle s'épuise promptement, et finit bientôt par ne presque plus fructifier. Pour la faire produire, on arrête généralement le sarment à 1 mètre ou 1 mètre 20 centimètres. Cette pratique m'a conduit à me poser cette question : ne pourrait-on pas arrêter le sarment à 30 ou 40 centimètres de haut, soit à une feuille ou deux au-dessus de la dernière grappe? Pour y répondre, j'ai eu recours à l'expérience : pendant plusieurs années, suivant mes inspirations, j'ai vu mes efforts couronnés de succès.

Quand j'ai été sûr de ma méthode, je l'ai mise au service des personnes qui ont eu confiance en moi, et, depuis quatorze ans, j'ai réussi à me faire des disciples sur tous les points de la France. Ce n'est donc plus une théorie que je viens exposer ici, mais bien un fait accompli et parfaitement accompli.

En rognant haut les jeunes sarments, suivant l'ancien usage, on oblige la plante à une dépense inutile de séve, puisqu'on laisse former des yeux dans le haut de la tige, au détriment des yeux de la base du jeune sarment, qui doivent donner le produit l'année suivante. S'ils sont appauvris, s'ils manquent de nourriture, qu'en résultera-t-il? Je laisse la réponse à toute personne possédant quelques notions de végétation et de culture.

Il n'en sera pas de même des jeunes sarments arrêtés à 30 ou 40 centimètres de hauteur; ils prendront assez de force pour se soutenir et soutenir facilement leur produit, qui sera plus beau, plus abondant et plus tôt mûr que celui des vignes non arrêtées.

C'est ainsi qu'en 1854, année de bien triste mémoire pour la viticulture, j'ai obtenu, par la concentration de la séve à la base des jeunes sarments, et en les tenant courts, une récolte représentant trois quarts de pleine année, tandis que partout ailleurs, en France, on n'obtenait qu'un quinzième de récolte. Même proportion pour 1855, où la récolte générale présentait à peine un huitième d'année ordinaire. Ce que j'avance sera facilement vérifié par la lecture du certificat du maire de Montreuil et du rapport de l'Académie nationale, qui se trouvent en tête de ce petit traité. Depuis, mes résultats ont continué avec le même succès, et de nouvelles commissions, ayant été nommées, les ont toujours constatés et proclamés dans des rapports favorables.

La vigne étant taillée et conduite d'après les prescriptions qui précèdent, les émissions de soufre contre l'oïdium seront plus faciles et plus efficaces, et l'ouvrier, ne rencontrant plus d'échalas et ne trouvant plus devant lui que des ceps aux rameaux flexibles, aura les mouvements plus libres, et par suite ses travaux deviendront plus faciles.

Frais comparés de culture

Je crois devoir, en terminant, mettre en regard, sur un espace de terrain donné, le temps que nécessite l'ancienne culture de la vigne dans la plus grande partie de la France, et le temps qui devra être consacré à cette culture d'après mon procédé.

En supposant que l'on opère sur 5 ares de terrain, il faut :

§ I. — ANCIENNE CULTURE

1° Pour porter, étendre et ficher les échalas en terre, six heures, ci.................. 6 heures.

2° Pour lier la vigne à l'échalas, trente heures, ci.......................... 30

3° Pour redrugeonner, rogner, attacher une seconde fois ou redresser la vigne, six heures, ci................. 6

4° Pour déficher et mettre en tas les échalas, cinq heures, ci............. 5

En tout........... 47 heures. ou 4 journées.

§ II. — NOUVELLE CULTURE

1° pour le premier arrêt des jeunes bourgeons, trois heures, ci. 3 heures.

2° Pour la deuxième opération ou rupture des sous-œils (dans d'autres localités : faux-bourgeons, entre-feuilles, druges), à trois ou quatre feuilles, quatre heures, ci.. 4

3° Enfin, pour la dernière opération, qui consiste à couper les sous-œils, en ne leur laissant qu'une feuille ou deux au plus, ou à faire l'effeuillement, comme nous l'avons indiqué à la quatrième année, cinq heures, ci..... 5

En tout........ 12 heures. 12

D'où il suit, au profit de la nouvelle culture, une économie de temps de.... 35 heures sur 47, soit près de 75 p. 100 ou trois journées, sur un espace de 5 ares de terrain.

On voit quelle immense économie réalise une grande exploitation viticole.

De quelques ennemis de la vigne

1° L'OÏDIUM

D. Maintenant que voici la culture de la vigne terminée, ne vous reste-t-il rien à nous dire?

R. Il y a encore quelques considérations générales que je vais développer, mais qui ne sont pas indispensables pour faire avec profit la culture de la vigne.

D'abord, il y a la question du soufrage contre l'oïdium, dont je m'étais jusqu'alors abstenu de parler, vu que l'on trouve plusieurs traités sur ce sujet, notamment celui de M. de La Vergne; mais on m'a tant de fois demandé des renseignements personnels, que je donne ici le résultat de ma pratique.

Depuis une dizaine d'années, je fais le soufrage préventif, c'est-à-dire avant que l'oïdium ne paraisse: 1° lorsque les bourgeons ont de 10 à 20 centimètres de long, je fais un fort soufrage; 2° lorsque le raisin est en fleur, je fais un deuxième soufrage; 3° lorsque le raisin est en moyen verjus, je fais un troisième soufrage; ensuite il faut, de temps en temps, visiter la vigne, surtout les jeunes feuilles de l'extrémité des sarments. Si l'on aperçoit quelques petites taches d'un vert pâle, il faut quelquefois faire un quatrième soufrage; mais alors il faut le faire léger, attendu que cette dernière phase de l'oïdium a souvent lieu à l'approche de la maturité. Chaque soufrage (1) doit se faire en plein soleil, par un temps clair et sans pluie; car, dans le soufrage de la vigne contre l'oïdium, le soufre n'agit d'abord que mécaniquement; mais ensuite sa combinaison avec l'air chaud forme un gaz sulfureux, lequel seul détruit cet ennemi de la vigne.

2° L'ÉCRIVAIN

D. Ne pourriez-vous pas nous dire aussi ce qu'il faut faire pour détruire ou tout au moins combattre un insecte coléoptère nommé dans les vignobles l'*écrivain*, ainsi nommé parce qu'en mangeant les feuilles et les fruits il y trace des sillons qui ressemblent à des lignes d'écriture? Cet insecte est aussi nommé *gribouri* et *eumolpe*.

R. Dernièrement, le *Moniteur vinicole* publiait un procédé que nous rapportons, sans toutefois le garantir, ne l'ayant pas expérimenté.

1° Déchausser les ceps à une profondeur de 10 à 12 centimètres, sur une surface circulaire de 30 cenmètres de diamètre, dont le cep occupe le centre;

---

(1) Pour faire le souffrage à sec nous nous servons du soufflet circulaire Gaffée, rue de France, 14, à Fontainebleau.

2° Étendre dans la cavité une couche de poussière ou de cendre de chaux vive, de deux ou trois centimètres d'épaisseur ; recouvrir cette chaux avec la terre provenant du déchaussement ;

3° L'époque la plus convenable pour l'opération est le mois d'octobre et le commencement de novembre, ou bien le mois de mars et le commencement d'avril.

Elle doit être pratiquée par un temps et sur un terrain sec ou à peu près ; on doit piocher tard les vignes soumises à ce procédé, ou mieux ne pas les piocher de l'année, se contenter de biner pour détruire les herbes.

On pense aussi que le soufrage éloigne cet insecte pour la saison de la végétation. Nous n'oserions l'assurer, car nous avons trouvé plusieurs sortes de ces insectes, les uns petits et gris cendré, les autres beaucoup plus gros, de même couleur, d'autres d'un vert jaune à reflet azuré. Il n'est pas moins vrai qu'une ou plusieurs sortes de ces coléoptères roulent les feuilles de la vigne en forme de cigare; dans chaque feuille roulée il y a de 4 à 6 œufs qui forment, pour l'année suivante, autant de nouveaux sujets. Le pétiole de la feuille ayant été coupé presque en entier par l'insecte afin d'avoir la facilité de la rouler lorsqu'elle commence à se flétrir, la feuille roulée finit par sécher; elle est, par conséquent, facile à apercevoir. Si l'on prend la précaution de ramasser ces feuilles, de les emporter et de les brûler, on diminuera d'autant les insectes. Ce qui m'en donne la conviction, c'est que, depuis longtemps, je fais tous les ans ce travail qui demande peu de temps, car il suffit de se promener dans les vignes et de cueillir les feuilles roulées et sèches qui tiennent encore au cep.

Ces feuilles sont tournées par ces insectes vers la fin de mai. Le meilleur moment pour les ramasser est toute la dernière quinzaine de juin, pour le centre de la France, époque où la larve n'est pas encore sortie de l'œuf et de la feuille roulée, époque aussi où la ponte est finie.

Au commencement, je trouvais une grande quantité de ces feuilles roulées, mes vignes étaient souvent ravagées par l'écrivain; aujourd'hui je trouve à peine de temps en temps quelques feuilles dans cet état, et l'écrivain fait peu de dégâts dans mes vignes.

3° GELÉE DES RACINES

D. Ne craignez-vous pas en plantant la vigne peu profondément, comme vous l'indiquez, que les racines ne soient atteintes par la gelée?

R. J'avais souvent remarqué dans les vignes plantées de différentes manières, que les racines situées à la superficie du sol ne gelaient pas plus que celles qui étaient à une plus grande profondeur, Cependant, pour m'assurer de l'effet du froid sur les racines, j'ai planté un pied de vigne sur un monticule de 80 à 90 centimètres de haut. La deuxième année, j'ai enlevé ce monticule et mon cep entier, avec *20 centimètres* de racines, qui ont été exposées à l'air, à la chaleur, à la gelée. Ce cep a neuf années de plantation; il y a, par conséquent, sept ans qu'il a 20 centimètres de racines exposées à toutes les influences, au chaud, au froid, etc. Il y a trois ans, pendant l'hiver de 1862 à 1863, le thermomètre descendit à 14 degrés au-dessous de zéro, et la partie de la racine en dehors du sol, exposée à la gelée, n'a nullement souffert. Ce fait a été vu par beaucoup de monde, il est visible dans mes vignes. Par conséquent, je continue à penser que la racine de la vigne ne craint pas la gelée, comme on est généralement porté à le croire.

La tâche que je m'étais imposée est terminée.

Puisse-t-elle atteindre le but que je m'étais proposé! La plus grande récompense qu'il me soit permis d'espérer est la pensée que j'aurai pu contribuer au développement et au progrès d'une culture qui forme une des principales branches de la richesse de la France, et qui rend tributaire de mon pays le monde entier.

DU POUVOIR

DE

L'HOMME ATTENTIF

SUR LA

VÉGÉTATION

AU SUJET DE LA

BRANCHE A FRUIT PRÉPARÉE DU POIRIER ET DU POMMIER

Par la rupture du bourgeon à l'état herbacé

Par M. TROUILLET

Membre correspondant de l'Académie nationale de Paris
Professeur d'arboriculture et de viticulture

A MONTREUIL-AUX-PÊCHES (SEINE)

Bernardin de Saint-Pierre dit, dans son troisième volume des *Harmonies de la nature :*

« Les végétaux diffèrent essentiellement des *mi-* « *néraux* par les cinq facultés de la vie, qui sont : « l'*organisation,* la *nutrition,* l'*amour*, la *génération* et « la *mort;* ce qui constitue la puissance végétale a « une vie propre, dont le principal caractère est de « pouvoir renaître et se propager. »

Si, comme il n'y a pas à en douter, les végétaux vivent, il est certain qu'ils naissent, mangent, boivent, respirent et croissent, ce qui est leur travail, et cessent de pousser l'hiver, ce qui est leur repos : voilà ce qui constitue la vie végétale.

Celui qui voudra *traiter* les arbres fruitiers sans connaître et sans savoir développer ces phases de la vie végétative, ne sera jamais qu'un routinier, il contrariera plus la nature qu'il ne l'aidera ; et, quiconque ne voudra pas comprendre que *l'arboriculture* est une science et non une routine, ne fera que marcher au hasard.

Depuis bien longtemps il est vrai, on écrit sur ce sujet ; mais à quoi servent les écrits, même des plus grands auteurs, si on ne les lit pas ? Malheureusement, en France, peu de cultivateurs étudient ; cependant étudier, c'est s'enrichir, et s'enrichir d'un patrimoine que nulle force humaine ne peut nous ravir...

Malgré cette grande vérité, tous les jours on entend dire : A quoi sert de tant étudier ? Est-ce que je n'en sais pas assez pour être *jardinier, maçon, cultivateur*, *menuisier*, etc...? Avec ces idées on n'arrive jamais à rien ; on ne lit pas même les auteurs qui ont écrit sur la partie que l'on professe : témoin les jardiniers, cultivateurs d'arbres fruitiers, qui n'ont jamais lu, j'en suis certain, les *Harmonies de la nature* par Bernardin de Saint-Pierre ; car si quelques-uns d'entre eux avaient lu les lignes qui suivent, ils auraient changé depuis longtemps déjà leur manière d'opérer au sujet des arbres fruitiers. Laissons parler l'auteur lui-même :

« Une preuve que le végétal renferme dans cha-

« cune de ses fibres un végétal parfait, c'est qu'il « produit indistinctement dans toutes ses branches « un grand nombre de fleurs, qui ne paraissent être « que les parties sexuelles des fibres, parvenues suc- « cessivement à un âge adulte. Dans une plante « annuelle, les fleurs paraissent après un certain « nombre de lunaisons ; mais dans un arbre, le bois « nouveau ne donne point de fleurs, et les fleurs de « son vieux bois changent de place d'une année à « l'autre. C'est encore par la même raison que, « quand l'arbre produit beaucoup de fleurs, il ne « pousse point de bois, et que, quand il pousse « beaucoup de bois, il ne produit point de fleurs.

« On en peut conclure que l'harmonie soli-lunaire, « qui produit en lui des cercles annuels, sert d'abord « à former au dedans des fibres mâles et femelles « dont les fleurs deviennent ensuite le développe- « ment. Ces fleurs ne peuvent reparaître l'année sui- « vante au même endroit, parce que les fibres qui « ont produit s'allongent par la couche annuelle et « l'accroissement du bois, et viennent se terminer à « d'autres points.

« Enfin, ces fleurs ne peuvent se montrer sur le « bois nouveau de l'année, parce qu'il n'est pas « encore adulte, *à moins qu'une opération factice, pro- « duit du génie de l'homme, ne vienne le traiter et abré- « ger le terme de la production.*

« On peut conclure de tout ceci que c'est souvent « à tort que les jardiniers taillent les pousses an- « nuelles des arbres. Il en résulte qu'ils ne portent

« ni *fleurs* ni *fruits*, parce que ce nouveau bois n'a « pas le temps d'atteindre au terme de sa fécondité. « Le plus simple est de le laisser croître ; alors il « fructifiera, c'est ce que j'ai éprouvé moi-même par « ma propre expérience. J'ai eu des poiriers très-« vigoureux, âgés de plus de vingt ans, qui n'avaient « jamais fleuri, parce que le jardinier, fidèle à ses « règles, ne manquait pas de retrancher, en au-« tomne, la plus grande partie des branches qui « avaient poussé au printemps.

« Je parvins enfin une année à empêcher cette fa-« tale amputation ; mes arbres se couvrirent à l'or-« dinaire de rejetons pleins de suc. Après avoir « jeté leur premier feu, ces rejetons s'arrêtèrent à « la seconde année : ils produisirent alors des bran-« ches à fruits couvertes de gros boutons qui don-« nèrent des fleurs et des fruits dans la troisième « année. »

Bernardin de Saint-Pierre n'était pas jardinier, mais il avait su prendre la nature sur le fait, et par suite, il comprenait tout ce qu'il y a de *monstrueux* dans ces coupes répétées, le plus souvent faites au hasard, sans raisonnement, que l'on nomme la taille. Cette opération, soit en vert au moment de l'ébourgeonnage, soit en sec, fait tomber en pure perte, une production qui a dépensé inutilement une grande quantité de séve. En agissant ainsi, et lors même que, par ces mutilations, ces plaies répétées qui entravent la marche régulière de la séve, on obtient quelques boutons à fruit, peut-on croire que l'on *aidé la nature?* On l'a contrariée, voilà tout...

Mais si, par exemple, comme l'a dit Bernardin de Saint-Pierre dans les lignes que je viens de citer, on savait mettre à profit cette belle production de la nature, que de merveilles ne verrait-on pas !!! Mais pour cela il faut quitter la routine et raisonner ce que l'on fait ; il faut devenir l'élève de la nature, c'est-à-dire étudier la vie et les allures de chaque végétal que l'on cultive, et surtout la marche de la séve ascendante et descendante, afin de la diriger et de l'utiliser au profit de ses sujets.

E. T.

TABLE DES GRAVURES

TABLE DES MATIÈRES

Auguste GOIN, Libraire-Editeur

LIBRAIRIE CENTRALE

D'AGRICULTURE ET DE JARDINAGE

(FONDÉE EN 1853)

RUE DES ÉCOLES, 82, PRÈS DU MUSÉE DE CLUNY

Anciennement QUAI DES GRANDS-AUGUSTINS, 41

CATALOGUE GÉNÉRAL

1er MARS 1866.

NOTA. — Tous les ouvrages composant le présent Catalogue sont expédiés *franco* sans augmentation des prix marqués, sur demande affranchie. — En outre de l'envoi *franco*, il sera fait 5 p. 100 de remise sur les commandes de 31 à 50 fr., et 10 p. 100 sur celle de 51 fr. et au delà. — *Sont exceptés de ces conditions les abonnements aux journaux, sur lesquels il n'est fait aucune réduction.*— Je me charge de fournir aux conditions détaillées ci-dessus les ouvrages de **Droit**, de **Littérature ancienne et moderne**, de **Médecine**, de **Sciences diverses**, etc. — Les demandeurs sont priés de joindre à leur commande un mandat de poste égal à la valeur des ouvrages demandés.

Bibliothèque de l'Agriculteur praticien.

Encouragée par Son Excellence le Ministre de l'agriculture.

Abeilles (*Culture des*), par l'abbé Floquet, 1 vol. in-18. 1 fr.

Abeilles. Leur éducation, par A. Espanet. In-18. 40 c.

Abeilles. — Le Guide du propriétaire d'abeilles, par l'abbé Collin, 3e édit. 1 vol. in-18 et 2 planches. 2 50

Agriculteur praticien (*L'*), *Revue de l'agriculture française et étrangère*, 13e année. Prix de l'abonnement. 6 fr.

Agriculture. Quelques observations pratiques, par Bodin. In-18. 15 c.

Alcoolisation générale (*Traité complet d'*). Guide du fabricant d'alcools, etc., etc., par N. Basset. 1 vol. in-18, 2e édit. 6 fr.

Almanach de l'Agriculteur praticien pour 1866. 10e année. 1 vol. In-18 avec de nombreuses fig. 50 c.

Les années 1857 à 1865, chaque. 50 c.

Amendements et Engrais (*Petit Traité des*), par P.-A. de Thier. 1 vol. in-18. (*Sous presse.*)

Analyse chimique appliquée à l'agriculture (*Notions élémentaires d'*), par Isidore Pierre. 1 vol. in-18 avec fig. 2 50

Approuvé par la Commission des bibliothèques scolaires.

Basse-Cour. — Poules, Oies, Canards, Pintades, Dindons, Pigeons, par le baron Peers, 2e édit. 1 vol. in-18 et planches. 1 75

Basse-Cour et Lapin. Traité complet de l'élève et de l'engraissement des animaux de basse-cour et du lapin, par Ysabeau. 1 vol. in-18. 75 c.

Bétail (*De l'alimentation du*) aux points de vue de la production, du travail, de la viande, de la graisse, de la laine, du lait et des engrais, par Isidore Pierre, 3e édition. 1 vol. in-18. 2 50

Bêtes bovines (*Traité des*), par Weckherlin. 1 vol. in-12. 3 50

Bêtes ovines (*Traité des*), par Weckherlin. 1 vol. in-12. 3 50

Bêtes ovines (*Des*) **et des Chèvres**, par Ysabeau. 1 vol. in-18. fig. 75 c.

Betterave. — Traité pratique de la culture et de l'alcoolisation de la betterave, par N. Basset. 1 vol. in-18, 2e éd. 2 fr.

Céréales. — Etudes comparées sur la culture des céréales, des plantes fourragères et des plantes industrielles, par I. Pierre. 1 vol. in-18. 2 50

Chaux, Marne et Calcaires coquilliers. Leur emploi pour l'amendement du sol, par Isidore Pierre. In-18. 2e édition. 50 c.

Comptabilité agricole. — Notions pratiques sur la comptabilité agricole en partie simple et en partie double, à l'usage des cultivateurs, des ermiers, des propriétaires, etc., par J. Schneider. In-18. 1 fr.

Cultivateur anglais (*Le*), Théorie et pratique de l'agriculture, par Murphy, trad. de l'angl. sur la 5e édit. par Sanrey. In-18. Fig. 1 50

Culture progressive. — La Fortune par la Culture progressive, bénéfice net 15 à 20 p. 100 du capital d'exploitation, par de Trimond, 1 vol. in-18. 1 25

Dindons et Pintades, par Mariot-Didieux. 1 vol. in-18. 75 c.

Drainage. L'Art de tracer et d'établir les drains, par Grandvoinnet. 1 vol. in-18 avec 160 figures. 3 fr.

Drainage. Résumé d'un cours pour les cultivateurs, par Hernoux, ingénieur. In-18, fig. 1 fr.

Drainage. — Traité de Drainage, ou essai théorique et pratique sur l'assainissement des terrains humides, par J. Leclerc, 3e édit. 1 vol. in-18 orné de 130 fig. 3 50

Engrais en général (*Des*), suivi de la manière de traiter les matières fécales, par Greff. 2e éd. in-18. Fig. 50 c.

Engrais et Amendements ; *Fumiers de ferme et Composts,* par Fouquet, 2e édit. 2 vol. in-18. 2 50

Fourrages. — Recherches sur la valeur nutritive des fourrages, par Isidore Pierre. 1 vol. in-18, 3e édit. 2 50

Fumier. — Plâtrage et sulfatage du fumier et désinfection des vidanges, par Isidore Pierre. In-18. 2e édit. 50 c.

Fumier de ferme (*Le*) élevé à sa plus haute puissance de fertilisaion et n'étant plus insalubre, par Quenard. In-18, 2e édit. 1 25

Guano du Pérou (*Le*), comp., falsif., emploi et effets de cet engr. 30 c.

Instruments aratoires (*Des*) **et des travaux des champs,** par Ysabeau. 1 vol. in-18, fig. 75 c.

Irrigation (*Manuel d'*), par Deby. In-18 avec 100 fig. 1 50

Irrigations (*Petit Traité des*), par James Donald, traduit par A. de Frarière. In-18 avec fig. 50 c.

Lapin domestique (*Traité pratique de l'éducation du*), par le F. Alexis Espanet, 4e édit. 1 vol. in-18 avec figures. 1 fr.

Laiterie. — Notions pratiques sur l'art de faire le beurre et de fabriquer les fromages, etc., par A. de Thier. 1 vol. in-18 avec fig. 75 c.

Laiterie. — La laiterie. Art de traiter le laitage, de faire le beurre et de fabriquer les diverses espèces de fromages. 1 vol. in-18 avec fig. (*Sous presse.*)

Maïs (*Du*), de sa culture et des divers emplois dont il est susceptible, par Keene et A. de Thier. In-18. (2e *édition sous presse.*)

Maïs (*Alcoolisation des tiges du*) et du **Sorgho sucré.** Alcool. — Cidre. — Bière. — Vins artificiels, par Duret, chimiste. In-18. 75 c.

Matières fertilisantes. — Guide pratique du cultivateur pour le choix, l'achat et l'emploi des matières fertilisantes. Origine, composition, valeur, effets, durée, modes d'emploi, prix, garanties, recours en cas de fraude, etc., par A. Dudouy. 1 vol. in-18 avec fig. 2 50

Médecine vétérinaire. — Manuel de médecine vétérinaire, par Verheyen, Defays et Husson. 1 vol. in-18. 2 50

Pigeons de colombier et de volière (*Guide de l'éleveur de*), par Mariot-Didieux. In-18. 75 c.

Pigeons (*De l'éducation des*), **Oiseaux** de luxe, de volière et de cage, par A. Espanet. 2e édit. 1 vol. in-18 avec figures. 1 fr.

Plantes fourragères (*Traité pratique de la culture des*), par de Thier. 2e édit. revue et augmentée par A. Leroy. 1 vol. in-18. 1 fr.

Porcs (*Du traitement des*) aux différentes époques de l'année. Extrait des meilleurs ouvrages anglais, par J. A. G. In-18 avec 32 fig. 1 25

Porcheries (*De l'établissement des*), dispositions diverses, construction, par J. Grandvoinnet. 1 vol. in-18 avec 95 fig. dans le texte. 2 50

Poules (*De l'éducation des*), **Dindes, Oies** et **Canards,** par le F. Alexis Espanet. 1 vol. in-18. 1 fr.

Races bovines (*De l'amélioration des*) en France, et particulièrement dans les départements de l'Est, par Saint-Ferjeux. 2e édit. 1 fr.

Récoltes dérobées (*Des*), comme fourrages et engrais verts, et culture de la *Moutarde blanche,* trad. de l'angl. par J. A. G. in-18 fig. 75 c.

Sang de rate des animaux d'espèces ovine et bovine, par Isidore Pierre. In-18. 1 fr.

Semailles en ligne (*Des*) **et des Semoirs mécaniques,** par F. Georges. In-8. (Extrait de l'*Agriculteur praticien.*) 50 c.

Sorgho à sucre (*Guide du distillateur du*), par F. Bourdais. In-18. 1 fr.

Stabulation (*De la*) **de l'espèce bovine,** p. le bar. Peers. 1 v. in-18. 1 25

Topinambour. — Culture, alcoolisation et panification de ce tubercule, par Delbetz. 1 vol. in-18. 1 25

Végétaux (*De la nutrition des*) considérée dans ses rapports avec les assolements, par le baron DE BABO. 1 vol. in-18. 1 fr.

Vers à soie (*Guide de l'éleveur de*), par MM. GUÉRIN-MÉNEVILLE et Eugène ROBERT. 1 vol. in-18 avec figures. 75 c.

Vigne (*Nouvelle Culture de la*) en plein champ, sans échalas ni attaches, par TROUILLET. 4e édit. in-18 avec 15 gravures. 2 50

Vigne (*Régénération de la*) par une nouvelle plantation, par E. TROUILLET. 2e édition. In-18. 75 c.

Vinification. — Traité pratique de vinification, par E. RAY. 2e édit. 1 vol. in-18. 1 25

Visite à un véritable agriculteur praticien, par DURAND-SAVOYAT, propriétaire-cultivateur. 1 vol. in-18. 1 25

Abeilles.—Agriculture.—Amendements.—Bois.—Economie rurale. — Fumiers. — Oiseaux de basse-cour, etc.

Abeilles (*De l'Asphyxie momentanée des*) et des moyens de la pratiquer, ses avantages et ses inconvénients, par HAMET. In-18 orné de 10 fig. 50 c.

Abeille (*L'*) **italienne des Alpes.** Exposé sur l'art d'élever les reines italiennes de pure race, de les centupler en peu de mois, et de transformer en ruches italiennes les ruches communes, par HERMANN. In-18. 1 fr.

Agriculture. — Les lois naturelles de l'agriculture, par J. LIEBIG. 2 vol in-8o. 10 fr.

Agriculture moderne (*Lettres sur l'*), par J. LIEBIG. 1 vol. in-18. 3 50

Agriculture (*Traité d'*), publié sur le manuscrit de l'auteur, par DE MEIXMORON DE DOMBASLE, 5 vol. in-8. 30 fr.

Agriculture élémentaire, théorique et pratique, par LAGRUE. 6e édit. 1 vol. in-18 cartonné avec grav. 1 30

Agriculture pratique. — Cours d'agriculture pratique professé à Orléans, en 1862, 1863 et 1864, par M. GAUCHERON et rédigé par M. COTELLE. 3 vol. in-12. 3 fr.

Agriculture pratique et raisonnée, par John SINCLAIR, traduit de l'anglais par MATHIEU DE DOMBASLE, 1825. 2 vol. in-8o accompagnés de 9 planches. (Exemplaires reliés et brochés.) 15 fr.

Agriculture primaire, ou *Livre de lecture courante à l'usage des Écoles rurales*, par HALLEZ D'ARROS. 5e édit. 1 vol. petit in-18 orné de figures dans le texte. 60 c.

Cet ouvrage est approuvé par le conseil impérial de l'instruction publique.

Agriculture rationnelle. — Principes d'agriculture rationnelle, par J.-C. CRUSSARD. 1 fort vol. in-8o. 9 fr.

Agriculture romaine. — Fragments d'études sur l'agriculture romaine (extraits des auteurs latins), par Isidore PIERRE. 1 vol. in-18. 1 50

Agronomie. — Recherches théoriques et pratiques sur divers sujets d'agronomie et de chimie appliquée à l'agriculture, par Isidore PIERRE. 2 vol. in-8o. 8 fr.

Le tome 1er contient : Fragments d'études sur l'état de la science des engrais et des amendements chez les anciens Romains. — Analyse des tourteaux de quelques graines oléagineuses. — Recherches expérimentales sur le poids des blés mouillés. — Etudes sur le colza, etc., etc.

Le tome 2 contient : Fragments d'études sur l'ancienne agriculture romaine. — Recherches expérimentales sur le poids de la graine de colza qui a été mouillée. — Recherches expérimentales sur le développement du blé.

Chaque volume se vend séparément.

Agronomie, Chimie agricole et Physiologie, par BOUSSINGAULT, 2e édit. 3 vol. in-8° accompagnés de 6 planches. 15 fr.

Amendements (*Traité des*). Marne, chaux, diverses espèces d'amendements, par PUVIS, 2e édit. 1 vol. in-12. 3 50

Animaux domestiques, par LEFOUR. 1 vol. in-18 et fig. 1 25

Animaux (*Recherches expérimentales sur l'alimentation et la respiration des*), par J. ALLIBERT. In-8. 1 50

Apiculture (*Cours pratique d'*), professé au jardin du Luxembourg par HAMET. 2e édit. 1 vol. in-18 orné de 100 fig. 3 fr.

Apiculture. — Mémoire à l'aide duquel une personne seule peut cultiver en toute saison 300 ruchées, les multiplier de bonne heure sans perte d'essaims et sans nuire au couvain des souches; les réduire de même; obtenir une majeure partie de leurs produits en corbillons de miel de choix, etc., par Prosper GRANDGEORGE. In-18 de 88 pages. 2 fr.

Apiculture. — Pratique complète d'apiculture rationnelle et profitable avec la ruche bretonne ordinaire et en paille, par un ancien président de comice du Finistère. 1 vol. petit in-18. 50 c.

Apiculture perfectionnée, ou Théorie et application pratique de la direction des rayons, par J. GRESLOT. 1 vol. in-12 avec planches. 1 fr.

Arbres (*Physique des*), ou Traité de leur anatomie et de l'économie végétale, par DUHAMEL DU MONCEAU. 2 vol. in-4, fig. (*D'occasion.*) 20 fr.

Arbres et Arbustes (*Traité des*) qui se cultivent en France en pleine terre, par DUHAMEL DU MONCEAU. 2 vol. in-4, fig. (*D'occasion.*) 25 fr.

Arbres et leur culture (*Semis et plantations des*), par DUHAMEL DU MONCEAU. 1 vol. in-4, fig. (*D'occasion.*) 12 fr.

Atmosphère (*L'*) est un engrais complet, par le docteur SCHNEIDER. In-8°. 60 c.

Atmosphère, Sol, Engrais, par BOBIERRE. 1 gros vol. in-18. 5 fr.

Basse-Cour (*Manuel de la fille de*), contenant des instructions pour élever, nourrir, engraisser tous les animaux de la basse-cour, etc., par MALÉZIEUX. 1 vol. in-18, orné de 38 planches. 3 fr.

Basse-Cour, Pigeons et Lapins, par Mme MILLET. 4e édit. fig 1 25

Bétail. — Économie du bétail, par SANSON. 2 vol. in-18 orné de 59 fig. 7 fr.

Bêtes bovines (*L'éleveur de*), par VILLEROY. in-18 et fig. 1 25

Betteraves. Production agricole et richesse saccharine des betteraves ensemencées à différentes époques, par MARCHAND. in-8. 1 50

Bœuf. Engraiss. du bœuf, par VIAL. 1 vol. in-18 orné de 12 fig. 1 25

Bois (*De l'Exploitation des*), par DUHAMEL DU MONCEAU. 2 vol. in-4, fig. (*D'occasion.*) 25 fr.

Bois (*Du transport, de la conservation et de la force des*), par DUHAMEL DU MONCEAU. 1 vol. in-4, fig. (*D'occasion.*) 8 fr.

Bois (*Traité du cubage des*), ou Tarifs pour cuber les bois carrés ou de charp., les bois en grume au 5e et au 6e réduit, par GUSSOT. In-8, 4e éd. 1 25

Bois en grume (*Tarif métrique pour la réduction des*) en bois équarris, mesurés de 3 en 3 centim., etc., par FOUCHARD. In-18. 2 50

Bon fermier (*Le*). Aide-mémoire du cultivateur, par BARRAL. 2e édit. 1861-62. 1 vol. in-18 orné de 230 grav. 7 fr.

Calendrier apicole. — Almanach des Cultivateurs d'abeilles pour 1865, par MM. HAMET et COLLIN. In-18 orné de 14 fig. 50 c.

Calendrier du bon Cultivateur, par MATHIEU DE DOMBASLE, 10e édit. 1 vol. in-12 avec planches. 4 75

Cailles, Faisans et Perdrix. (*Voir* page 16.)

Canards. (Voir *l'Education des poules*, de F. Alexis ESPANET, page 4.)

Causeries sur l'agriculture et l'horticulture, par P. JOIGNEAUX. 1 vol. in-18 orné de 27 grav. 3 50

Cheval (*Achat du*), par GAYOT. 1 vol. in-18 et fig. 1 25

Cheval. — Choix du cheval, ou description de tous les caractères à l'aide desquels on peut reconnaître l'aptitude des chevaux aux différents services, par J. MAGNE. 1 vol. in-18 orné de 21 fig. dans le texte. 2 fr.

Cheval, Ane et Mulet, par LEFOUR. 1 vol. in-18 et fig. 1 25

Chèvres. (*Voir* p. 3.)

Chimie agricole (*Petit Cours de*), à l'usage des écoles primaires, par F. MALAGUTI. 1 vol. in-18, fig. 1 25

Chimie agricole, ou l'agriculture considérée dans ses rapports avec la chimie, par Isidore PIERRE, 3e édit. 1 vol. in-18 avec fig. 4 fr.

Chimie appliquée à l'agriculture. Précis des leçons professées depuis 1852 jusqu'à 1862, par MALAGUTI. 3 vol. in-18. 10 50

Chimie usuelle (*La*) appliquée à l'agriculture et aux arts, par STOCKHARDT, trad. de l'allemand sur la 11e édit. In-18, 225 grav. 4 50

Choux. — Les choux, culture et emploi, par P. JOIGNEAUX. 1 vol. in-18 orné de 14 figures. 1 25

Comptabilité agricole, par SAINTOIN-LEROY, comprenant:

Mémorial de l'agriculteur, contenant les tableaux propres à recevoir les notes et renseignements indispensables à tous les fermiers ou propriétaires. 1 vol. in-4o oblong. 4 fr.

Livre de caisse, faisant suite au précédent. In-4o oblong. 2 50

Journal, registre en blanc, réglé et folioté. In-4o oblong. 2 50

Grand-Livre, registre en blanc, réglé et folioté. In-4o oblong. 3 fr.

Manuel de la comptabilité agricole pratique en partie simple et en partie double. 1 vol. grand in-8o avec tableaux. 3 fr.

Comptabilité simplifiée, agricole et commerciale, mise à la portée de la moyenne et de la petite culture. 1 vol. grand in-8o et tableaux. 2 fr.

Registre unique du Cultivateur, pour l'application de la comptabilité simplifiée. 1 vol. petit in-4o. 2 fr.

Mémorial-Caisse, ou Registre de la petite culture à l'usage de l'enseignement élémentaire de la comptabilité agricole dans les Écoles primaires. In-8o oblong. 1 25

Comptabilité et géométrie agricoles, par LEFOUR. in-18, fig. 1 25

Conseils aux agriculteurs sur les moyens de prévenir l'enflure des vaches, par PAPIN. In-18. 40 c.

Constructions rurales (*Manuel des*), par BONA. 1 vol. in-18 orné de 200 fig. 3 50

Constructions rurales et mécanique agricole, par LEFOUR. in-18. fig. 1 25

Coton. — Instructions sur la culture du coton en Algérie, par A. HARDY. Petit in-18. 1 fr.

Coton. — Manuel du cultivateur de coton en Algérie, par A. HARDY. In-8. 1 50

Cours d'Économie agricole et de Culture usuelle, professé par M. GAUCHERON. 1re partie : *Plantes fourragères*. 1 vol. in-18. 1 25

Cubage des bois en grume et équarris (*Tarif de poche* ou *Traité portatif du*), s'appliquant aux divers systèmes en usage ; *vade-mecum* des agents forestiers, etc., par HURTAULT-BANCE. In-18. 80 c.

Cubage des bois équarris (*Tarif métrique pour le*), etc., par FOUCHARD père. 1 vol. in-18. 4 fr.

Culture améliorante (*Principes de*), par LECOUTEUX. 2e éd. in-18. 3 50

Culture générale et instrum. aratoires, par LEFOUR. in-18. fig. 1 25

Culture. — Traité des entreprises de grande culture, ou principes généraux d'économie rurale, par E. LECOUTEUX. 2 vol. in-8°. 15 fr.

Dictionnaire d'Agriculture pratique, comprenant tout ce qui se rattache à la grande culture, à la chimie, à la mécanique agricole, à l'économie rurale, etc., par JOIGNEAUX et MOREAU, 2 gros vol. grand in-8° ornés de figures. 20 fr.

Dindes. (Voir l'*Education des Poules,* de F. Alexis ESPANET, page 4.)

Economie domestique, par Mme MILLET-ROBINET, 3e édit. 1 vol. in-18 orné de 77 figures. 1 25

Economie rurale, considérée dans ses rapports avec la chimie, la physique et la météorologie, par J.-N. BOUSSINGAULT. 2 v. in-8, 2e éd. 15 fr.

Egide du monde agricole, ou prévisions et conseils du plus haut intérêt pour les agriculteurs et les négociants en grains et farines, par DUCROTOY. 1 vol. in-8°. 3 fr.

Encyclopédie pratique de l'Agriculteur, publiée sous la direction de MM. MOLL et Eugène GAYOT. — Cet ouvrage sera complet en 15 ou 18 vol. Les tomes 1 à 10 sont en vente.

Prix de chaque volume avec de nombreuses figures dans le texte. 7 fr.

Engrais (*Des*), ou l'art d'améliorer les plus mauvaises terres par les amendements et les engrais de toute nature, par DUCOIN. 1 vol. in-18. 1 fr.

Engrais. — Du système de culture fondé sur l'emploi exclusif du fumier de ferme, et résumé de quelques nottons et principes importants en matière d'engrais, de nutrition végétale et de culture, d'après les recherches et travaux de MM. LIEBIG, BOUSSINGAULT, MALAGUTI, BOBIERRE, etc., par DUMAY, 2e édition in-8°. 1 fr.

Engrais azotés (*Des*), par DE GASPARIN, extrait par GUEYMARD, avec un tableau comparatif de la puissance de 119 engrais. In-18. 25 c.

Engraissement (*Observations et conseils pratiques sur l'*) des veaux, des vaches et des bœufs, par FAVRE D'EVIRE. 1824, in-8. 75 c.

Entraînement. — Guide du sportsman ou Traité de l'Entraînement et des Courses de chevaux, par E. GAYOT. 1 vol. in-18, fig. 3 50

Essais gleucométriques faits en 1862 sur cent variétés de raisin, par le docteur FLEUROT. In-8. 1 fr.

Faisans, Cailles et Perdrix. (*Voir* page 16.)

Fécondation (*De la*) et de l'Eclosion artificielles des œufs de poisson et de l'éducation du frai, par GODENIER. In-8. 1 fr.

Fermage (*Estimation, plan d'amélioration, baux*), par DE GASPARIN. in-18. 1 25

Fermentation vineuse. Leçons sur la fermentation vineuse et sur la fabrication du vin, par BÉCHAMP. 1 vol. in-18. 2 50

Fours économiques à circulation d'air chaud, par A. CASTERMANN. 1 vol. grand in-8 avec 5 pl., 2e édit. Bruxelles. 2 50

Fosse (*La*) **à fumier**, par BOUSSINGAULT. In-8. 1 25

Fromage de Hollande. — Fabrication de fromage façon de Hollande, par LE SÉNÉCHAL, directeur de la vacherie impériale de Saint-Angeau. In-18 avec 20 fig. 50 c.

Fait partie de l'*Almanach de l'Agriculteur praticien* pour 1865.

Fumiers. Des fumiers et autres engrais animaux, par J. GIRARDIN, 6e édit. 1 vol. in-18 orné de 62 fig. 2 50

Gardes forestiers (*Guide pratique à l'usage des*), traitant des arbres et arbustes forestiers, de l'ensemencement des diverses espèces et de l'agriculture forestière, etc., etc., par VIDAL. 1 vol. in-8° et 4 lithog. 3 fr.

Guano. — Du guano des mers du Sud, avec une carte des îles Chincha, par G. CUZENT. In-8°. 1 fr.

Houblon, par ERATH. 1 vol. in-18. fig. 1 25

Hygiène vétérinaire appliquée. Étude de nos races d'animaux domestiques, multiplication, élevage, par MAGNE, 2e édit. 2 vol. in-8°. 16 fr.

Il faut semer clair, ou Moyen de remédier à la disette des céréales, trad. de l'anglais de DAVIS, par DE THIER. In-18. 30 c.

Incubation (*De l'*) **artificielle,** par A. LEROY. In-18 avec 2 fig. 50 c.

Irrigation.—Traité pratique de l'Irrigation des Prairies, par J. KEELHOFF. 1 vol. in-8° et atlas de 11 pl. 9 fr.

Jardin du Cultivateur, par NAUDIN. 1 vol. in-18. 1 25

Jaugeages. — Recueil de procédés de jaugeages, depuis le volume d'une source jusqu'à celui de tous les cours d'eau, à l'usage de l'agriculture et de toutes les industries comme force motrice, par GUEYMARD. in-8°. 2 50

Lait. — Essai sur le lait considéré au point de vue de sa puissance nutritive et de sa valeur réelle, par C. BERTRAND. In-8. 1 25

Laiterie, Beurre et Fromages, par Félix VILLEROY. 1 vol. in-18 orné de 59 figures. 3 50

Landes de Bretagne (*Mise en valeur des*) par le défrichement et par l'ensemencement en bois, par le général DE LOURMEL. In-8. 2 fr.

Lapin domestique (*Instruction élément. pour élever le*), in-18. 50
Fait partie de l'*Almanach de l'Agriculteur praticien*, 1861.

Livre de la Ferme (*Le*) et des Maisons de campagne, publié sous la direction de P. JOIGNEAUX. 2 vol. grand in-8° ornés de nombreuses fig. dans le texte. 32 fr.

Maison rustique des Dames, par Mme MILLET-ROBINET. 5e édit. 2 vol. in-18, ornés de 236 grav. 7 75

Maison rustique du XIXe siècle, publiée sous la direction de MM. BAILLY, BIXIO et MALEPEYRE. 5 vol. gr. in-8 ornés de 2,500 gr. 39 50

Matières fertilisantes, *engrais solides, liquides, naturels et artificiels,* par Gustave HEUZÉ, 4e édit. 1 vol. in-8. 9 fr.

Médecine vétérinaire. — Notions usuelles, par SANSON. 1 vol. in-18 avec figures. 1 25

Métairies. — Manuel du propriétaire de métairies, par J. RIEFFEL. 1 vol. in-18. 3 50

Métayage. Contrat, effets, améliorations, par DE GASPARIN. 2e éd. in-18. 1 25

Mouches à miel (*Traité sur les*), suivi des procédés pour faire le miel et la cire, avec divers modèles de ruche, par BONNARDEL. In-8. 1 50

Mouton (*Le*), par LEFOUR. 1 vol. in-18 orné de 79 grav. 3 50

Noir animal (*Le*). Analyse, emploi, vente, par BOBIERRE. in-18. 1 25

Oies. (Voir *l'Éducation des poules* de F. Alexis ESPANET, page 4.)

Oie et Canard. Des moyens à employer pour les engraisser afin d'en tirer de meilleurs produits, par COMARMOND. In-8°. 1 fr.

Oiseaux domestiques. — Art de faire éclore et d'élever en toutes saisons des oiseaux domestiques de toute espèce, soit par le moyen de la chaleur du fumier, soit par le moyen de celle du feu ordinaire, par DE RÉAUMUR, Paris, 1749. 2 vol. in-12, reliés, ornés de 15 pl. 6 fr.

Œuvres de Jacques Bujault, complétées et accompagnées de notes inédites par J. RIEFFEL et AYRAULT, 3e édit. 1 vol. grand in 8 orné de 33 grav. 6 fr.

Pêche. *Voyez* **La chasse et la pêche,** *page* 16.

Pisciculture. Rapp. sur le repeupl. des cours d'eau et sur les travaux de piscic. de M. MILLET, suivi des *Etud. sur les fécondations artificielles des œufs de poisson,* par MM. DE QUATREFAGES et MILLET. In-8. 1 25

Pisciculture et culture des eaux, par P. JOIGNEAUX. 1 vol. in-18 orné de 61 figures. 3 50

Pisciculture. — Traité de Pisciculture. Multiplication artificielle des poissons, par J. Koltz. 1 vol. in-18 orné de 27 figures. 1 50

Plantes fourragères, par Gustave Heuzé, professeur d'agriculture à Grignon, 3e édit. 1 vol. in-8 orné de 18 pl. col. et de 38 vign. 10 fr.

Plantes fourragères (*Traité des*), par H. Lecoq. 2e édit. 1 vol. in-8o orné de 40 grav. 7 50

Plantes racines, par Ledocte. in-18. fig. 1 25

Poulailler (*Le*). Monographie des poules indigènes et exotiques, par Ch. Jacque. 2e édit. 1 vol. in-18, 117 grav. 3 50

Poules (*Des*), ou Réformation de la basse-cour, par Beaufort de Lamarre. In-8. 75 c.

Poules (*Education des*), par Beaufort de Lamarre, suivie du *Chaponnage et de l'Engraissement de la Volaille* dans le Maine et la Bresse. In-18. 25 c.

Poules et Œufs, par E. Gayot. 1 vol. in-18 orné de 38 fig. 1 25

Poules (*Maladies des*). Causes et traitement. Trad. de l'angl. In-18. (Fait partie de l'*Almanach de l'Agriculteur praticien, 1862.*) 50 c.

Prairies, par Demoor. in-18. fig. 1 25

Prairies artificielles. Des causes de diminution de leurs produits études sur les moyens de prévenir leur dégénérescence, par Isidore Pierre, mémoire couronné par la Société d'agric d'Orléans. 1 vol. in-18. 1 fr.

Races bovines, par Dampierre. 1 vol. in-18. fig. 1 25

Révolution agricole, ou moyen de faire des bénéfices en cultivant les terres, par V.-F. Lebeuf. 1 vol. petit in-18. 3 fr.

Ruches. — Les ruches de tous les systèmes, ou examen et description des ruches anciennes et modernes, avec 51 fig. dans le texte, par Buzairies, avec des notes par Hamet. In-8. 1 50

Ruche à espacements (*Notice sur la*) et sa culture, par Sauria. In-8o avec 3 planches et tableaux. 1 fr.

Sangsues (*De l'Elève et de la Multiplication des*), visite aux marais des environs de Bordeaux, par Quenard. In-8. 75 c.

Sangsues (*Notice sur le marais à*) de Clairefontaine, par E. Soubeiran. In-8. 75 c.

Sarrasin (*Recherches analytiques sur le*), considéré comme substance alimentaire, par Isidore Pierre. In-8o. 1 25

Sol et Engrais, par Lefour. 1 vol. in-18. 1 25

Sorgho (*Composition chimique et extraction du sucre de la canne de*), par Paul Madinier. In-8. 60 c.

Sorgho à sucre (*Le*). Culture, récolte, emploi de la graine, extraction du jus sucré, distillation, etc., par Paul Madinier. In-8. 60 c.
(Extrait de l'*Agriculteur praticien.*)

Sorgho sucré (*Le*), sa culture comme plante fourragère et comme plante alcoolisable et saccharine, par Louis Hervé. In-8. 60 c.

Soufrage des vignes (*Instruction sur le*), par Le Canu. In-18. 50 c.

Tarif métrique pour la réduction des bois en grume et carrés, etc., par J.-F. Leclerc. In-8. 3 fr.

Taupier (*L'Art du*), ou Méthode amusante et infaillible pour prendre les taupes, par Dralet. 16e édit. 1 vol. in-12, fig. 1 fr.

Travaux des champs, par Victor Borie. in-18 avec fig. 1 25

Truite. — De la pisciculture de la truite, par Comarmond. In-8. 1 50

Vaches laitières (*Traité des*) et de l'espèce bovine en général, par F. Guénon, 4e édit. 1 vol. in-8o, nombreuses fig. 6 fr.

Vaches laitières (*Abrégé du traité des*) par F. Guénon. 1 vol. in-18, nombreuses fig. 2 fr.

Vaches laitières (*Choix des*), par Magne. 1 vol. in-18. fig. 1 25

Vache laitière (*Traité spécial de la*) et de l'élève du bétail, par Collot, 2e édit. 1 vol. in-8o et planches. 6 fr.

Vers à soie (*Conseils aux nouveaux éducateurs de*), par F. de Boullenois, 2e édit. 1 vol. in-8o. 3 50

Vigne. — Résumé des opérations à suivre pendant le cours de la végétation de la vigne et étude de la rupture des bourgeons à l'état herbacé, par E. Trouillet. Tableau in-folio, fig. et texte. 50 c.

Vigne (*Culture de la*, **et vinification**, par J. Guyot. 1 vol. in-18. Fig. dans le texte. 3 50

Vigne — Le quatrième livre du ***Rustican de Pierre Crescenzi***, consacré à la vigne, à sa culture et à l'étude de son produit. In-8. 2 fr.
Traduct. d'une partie d'un ouvrage publié pour la première fois en 1471.

Vigne, par Carrière. 1 vol. in-18 orné de 120 fig. dans le texte. 3 50

Vigne (*Nouveau mode de culture et d'échalassement de la*), applicable à tous les vignobles où l'on cultive les vignes basses, par T. Collignon. 1 vol. in-8 avec 3 pl. 3 fr.

Vigneron. — Guide pratique du Vigneron, par Fleury-Lacoste. In-8o de 32 pages. 40 c.

Vigneron (*Manuel du*). Exposé des divers procédés de culture de la vigne et de vinification, par Odart. 3e édit. 1 vol. in-18. 4 50

Vignes rouges et vins rouges en Maine-et-Loire, par Guillory aîné. 1 vol. in-8 avec pl. 2 50

Vignoble de l'Orléanais. — Conférences par le docteur Guyot. In-8o de 32 pages. 30 c.

Vignobles. — Culture perfectionnée et moins coûteuse des vignobles, par A. Dubreuil. 1 vol. in-18, orné de 144 fig. dans le texte. 3 50

Vin. — L'art de faire le vin, par Ladrey. 2e édit. 1 vol. in-18. 3 fr.

Vins. — Traité pratique sur les vins, par H. Machard. 4e édit. 1 vol. in-18. 3 50

Viticulture. Etud. compar. sur la vitic., par Pistor-Paillet. In-12. 75 c.

Bibliothèque de l'Horticulteur praticien.

Encouragée par Son Excellence le Ministre de l'agriculture.

Almanach du Jardinier-Fleuriste pour 1866, suivi de notes sur le jardin potager, 13e année. 1 vol. in-18 avec fig. dans le texte. 50 c.
Les années 1859, 1860, 1861, 1863 et 1864, chaque 50 c.

Arboriculture (*L'*) **des Écoles primaires**, ou Notions d'arboriculture fruitière mises à la portée des enfants, par J. Brémond. 2e édit., 1 vol. in-18 et atlas. 1 50
Ouvrage approuvé par la Commission des bibliothèques scolaires.

Arboriculture (*Notions préliminaires d'*) à la portée de tout le monde. Conseils pratiques, par E. Trouillet. 2e édit. In-18 orné de 21 fig. 1 fr.

Arbres fruitiers (*Des*) **et de la Vigne**, par Ysabeau. 1 vol. in-18. 75 c.

Arbres fruitiers et de la Vigne (*Nouvelle Méthode de taille des*), par Picot-Amette. 3e édit. 1 vol. in-18 orné de 37 grav. dans le texte. 1 50

Arbres fruitiers (*Instructions élémentaires sur la taille des*), par Lachaume. 1 vol. in-18 orné de 20 fig. 1 fr.

Arbres fruitiers (*Les*). Manuel populaire de culture, multiplication et taille, par P. Joigneaux. 1 vol. in-18 orné de 111 grav. 2 50

Arbres fruitiers. Manuel théorique et pratique de la culture forcée des arbres fruitiers, par Pynaert. 1 vol. in-18 orné de 12 fig. 5 fr.
Cet ouvrage a été couronné par la Société impériale d'horticulture de Paris.

Asperges (*Instructions pratiques sur la plantation des*), par Bossin. 2e édition. 1 vol. in-18. 75 c.

Bouturer, greffer, marcotter et semer (*Guide pour*) les plantes d'ornement, annuelles ou vivaces, arbres et arbustes, extrait en partie du JARDIN FLEURISTE, par Ch. LEMAIRE et LEQUIEN. in-18 orné de 35 fig. 1 fr.

Champignons (*Culture des*), avec l'indication d'une nouvelle méthode pour en obtenir en tous lieux par l'emploi de la mousse, suivi d'une nomenclature des champignons comestibles et vénéneux, par SALLE, 2e édit. 1 vol. in-18, fig. dans le texte. 1 fr.

Chrysanthème de l'Inde (*Culture du*), suivie de la description de 250 variétés, par BERNIEAU. 1 vol. in-18. (*Sous presse.*)

Fuchsia (*Histoire et Culture du*), suivies de la description de 540 espèces et variétés, par F. PORCHER. 1 vol. in-18. 3e édit. 2 fr. 25

Fraises. — Les Bonnes Fraises. Manière de les cultiver pour les avoir au maximum de beauté, suivi d'un calendrier des travaux à faire pendant les douze mois de l'année, par F. GLOEDE. 1 vol. in-18 orné de fig. 2 fr.

Greffe. — Traité de la greffe des arbres fruitiers et spécialement de la greffe des boutons à fruit, par l'abbé DUPUY. 1 vol. in-18 avec 24 pl. lithographiées. 2 50

Jardin Fleuriste (*Le*), ou Instructions pour la culture des plantes d'ornement, annuelles ou vivaces, arbres et arbustes, oignons à fleurs, etc., par Ch. LEMAIRE et LEQUIEN. 2e édit. 1 vol. in-18 orné de 31 figures. 3 50

Melons (*Culture des*). Méthode simple et précise pour obtenir les melons d'une grosseur extraordinaire, etc., par DUFOUR DE VILLEROSE. 2e édit. 1 vol. in-18 orné de 5 grav. 1 fr.

Plantes à feuilles ornementales en pleine terre (*Les*). Botanique et culture, par le comte Léonce DE LAMBERTYE. 2 vol. in-18 orné de fig. 2 fr.

1re partie. — **Solanum.** 1 vol. in-18 avec fig. et tableau.

2e partie. — **Canna, Caladium, Musa, Gynerium, Wigandia,** etc. 1 vol. in-18 avec fig. et tableau.

Plantes molles de pleine terre : *Pétunia, Géranium, Pensée, Verveine, Héliotrope.* Cult. prat. par le vicomte F. DU BUYSSON. in-18, fig. 1 fr.

Pêcher. — Instruct. prat. sur la cult. du pêcher, par LASNIER. In-18. 50 c.

Poirier. — Culture du poirier, comprenant la plantation, la taille, la mise à fruit et la description abrégée des cent meilleures poires, par Ch. BALTET. 3e édit. des *Bonnes Poires,* 1 vol. in-18. 1 fr.

Fruits et légumes de primeur (*Traité général de la culture forcée par le thermosiphon des*), par le comte LÉONCE DE LAMBERTYE.

Cet ouvrage sera publié en six livraisons de 48 pages in-8o.

Prix de chaque livraison. 1 25

Les livraisons seront ainsi composées :

Melon et Concombre, 1 livr. ; — **Ananas.** 1 livr. ; — **Vigne,** 1 livr. ; — **Fraisier,** 1 livr. ; — **Groseillier, Framboisier, Figuier,** 1 livr. ; — **Pêcher, Prunier, Cerisier, Abricotier,** 1 livr. ; — **Tomates, Haricots,** 1 livr.

Les livraisons **Fraisier, Vigne, Melon et Concombre** *sont parues.*

Des rapports très-favorables de cet ouvrage ont déjà été faits par la *Société impériale d'Horticulture de Paris* et par un grand nombre de Sociétés les plus importantes des départements.

Arbres fruitiers, Botanique, Culture potagère, Jardinage.

Annuaire horticole pour 1867, contenant les adresses des principaux horticulteurs, pépiniéristes et grainiers de l'Europe, avec l'indication de la spécialité de leurs cultures, etc., par INGELREST. In-12. (*Sous presse.*)

Arboriculture (*L'*) **fruitière en 26 leçons**, par Gressent. 3e édit. 1 vol. in-18 avec fig. dans le texte. 6 fr.

Arboriculture (*Cours d'*), par Dubreuil. 5e édit. 2 vol. in-18. 12 fr.

Arboriculture. Leçons élémentaires, théoriques et pratiques d'arboriculture, par Gressent. in-18. 1 50

Arbres et arbustes rustiques (*Traité des*) en Belgique, par de Pierpont, 1 vol. in-18. 3 50

Arbres fruitiers. — Le pincement court ou méthode de direction des arbres, et notamment du pêcher, par Grin aîné. In-8 et 5 pl. 1 50

Arbres fruitiers (*Instruction élémentaire sur la conduite des*), par Dubreuil. 5e édit. 1 vol. in-18, fig. 2 50

Arbres fruitiers (*Tableau de la conduite et de la taille des*), avec texte explicatif, par l'abbé Dupuy. In-plano. 2 fr.

Arbres fruitiers. Taille et mise à fruit, par Puvis. 1 vol. in-18. 1 25

Arbres fruitiers (*Taille raisonnée des*), par J.-A. Hardy. 5e édit. 1 vol. in-8 avec figures. 5 50

Arbres fruitiers. — Traité de la culture des arbres fruitiers, contenant une nouvelle méthode de les tailler, avec une méthode particulière de guérir les maladies qui attaquent les arbres fruitiers, par Forsyth, 2e édit., 1805. 1 vol. in-8o orné de 13 pl. (Exempl. broch. ou rel.) 5 50

Arbres fruitiers (*Traité des*), contenant leur figure, leur description, leur culture, etc., par Duhamel du Monceau, 1768. 2 vol. grand in-4o reliés, ornés de 181 planches gravées. 45 fr.

Asperges. Culture en plein air, par Lhérault-Salboeuf, in-18. 50 c.

Asperges. Les asperges, les fraises et les figues, par Lebeuf, 2e édit., 1 vol. in-18. 1 50

Asperges (*Culture des*), par Loisel. 1 vol. in-12. 1 25

Asperges. — Instruction sur la culture des asperges, par Louis Lhérault. In-18. 40 c

Bon Jardinier (*Le*) pour 1866, par Poiteau, Vilmorin, Decaisne, Neumann, Pepin. 1 vol. in-12. 7 fr.

Bon Jardinier (*Figures de l'Almanach du*), par Decaisne, 22e éd., 632 grav. et 45 pl. 1 vol. in-12. 7 fr.

Botanique populaire, contenant l'histoire de toutes les parties des plantes, par H. Lecoq. 1 vol. in-18 orné de 215 grav. 3 50

Botaniste (*Petit Manuel du*) et de l'Herboriste, suivi de principes de médecine, de pharmacie, etc. 2e éd. 1 vol. in-12. 1 75

Boutures. (*Voir le* **Jardin fleuriste**, page 11.)

Cactées. — Monographie de la famille des cactées, suivie d'un traité complet de culture, etc., par Labouret. 1 vol. in-18. 7 50

Catalogue descriptif et raisonné des arbres fruitiers et d'ornement pour 1865, par André Leroy. In-8. 1 fr.

Catalogue raisonné et précédé d'instr. sr la plant., la taille des arbres fruitiers, arbustes et rosiers cultivés chez Jamain et Durand. In-4. 1 50

Champignons et Truffes, par Rémy. in-18 avec 12 pl. color. 3 50

Chasselas (*Culture du*), à Thomery, par Rose Charmeux. 1 vol. in-18 orné de 41 fig. 2 fr.

Concombre. — Culture forcée. *Voyez* **Melon**, page 11.

Conifères de pleine terre. Notice sur 86 variétés, par Paul de Mortillet. 2e édit. in-8. 1 50

Culture maraîchère de Paris, par Moreau et Daverne. 2e éd. in-8. 5 fr.

Culture maraîchère, par Courtois-Gérard. 4e éd. 1 vol. in-18. 3 50

Culture maraîchère dans les petits jardins, par Courtois-Gérard. 4e édit. 1 vol. petit in-18 avec 15 grav. 1 fr.

Culture maraîchère. — Traité théorique et pratique de culture maraîchère, par Rodigas. 3e édit. 1 vol. in-18. 3 50

Culture potagère (*Nouv. Traité de*), par JOIGNEAUX, 1 vol. in-18. 2 25

Encyclopédie horticole, par CARRIÈRE, 1 vol. in-18. 3 50

Fécondation naturelle et artificielle des végétaux (*De la*) et de l'hybridation, par H. LECOQ. 2e édit., 1 vol. in-8 orné de 106 grav. 7 50

Fleurs coloriées (*Album de*) annuelles et vivaces, par VILMORIN-ANDRIEUX. 12 planches sont en vente. Chaque planche avec texte. 4 fr.

Fleurs (*De la Culture des*) dans les appartements, sur les fenêtres et dans les petits jardins, par COURTOIS-GÉRARD. 4e édit. In-18. 1 fr.

Flore élémentaire des jardins et des champs, avec des clefs analytiques conduisant promptement à la détermination des familles et des genres, et un vocabulaire des termes techniques, par LE MAOUT et DECAISNE. 2 vol. petit in-8. 9 fr.

Flore médicale des Familles, ou description, culture et emploi des plantes médicinales, par EBRARD. 1 vol. in-8. 1 50

Fraisier. — Sa culture forcée, par le comte DE LAMBERTYE. In-8. 1 25

Fraisier, sa botanique, son histoire, sa culture, par le comte LÉONCE DE LAMBERTYE. 1 vol. in-8. 5 fr.

Ouvrage honoré de la souscription de Son Exc. le ministre de l'agriculture et du commerce.

Couronné par les Sociétés d'hortic. de Bordeaux, Paris, Reims, Rouen, Tours, etc.

Fruits. — Les meilleurs fruits par ordre de maturité; culture et soins qu'ils réclament, par P. DE MORTILLET. Silhouette et dessins des fruits, fleurs et noyaux, dess. par l'auteur. Tome 1er, **la Pêche**. 1 vol. in-8. 8 fr.

L'ouvrage complet se composera de six volumes.

Fruits et Légumes de primeur (*Culture forcée des*). (*Voir* page 11.)

Graines et Fruits. — Des moyens de grossir les graines et les fruits, de doubler les fleurs et d'en varier à volonté les proportions et la forme, par Achille BARBIER. In-8. 1 fr.

Greffes diverses. (*Voir le* **Jardin fleuriste**, page 11.)

Horticulteur praticien (*L'*), Revue de l'horticulture française et étrangère, par MM. GALEOTTI, FUNCK, comte DE LAMBERTYE, MORREN, etc. 1858 à 1862. 5 vol. gr. in-8o orn. de 120 pl. col. et de grav. dans le texte. 40 fr.

Horticulture (*Entr. famil. sur l'*), par E.-A. CARRIÈRE. 1 vol. in-18. 3 50

Horticulture. Principes d'horticulture extraits des **Instructions pour les jardins fruitiers et potagers**, par DE LA QUINTINYE, avec notes sur les nouveaux modes de culture et de formes d'arbres fruitiers, etc., par Ch. MOREL. 1 vol. in-8o orné de 16 fig. dans le texte. 4 50

Jardin fleuriste (*Le*). Journal horticole et botanique, contenant l'histoire, la description et la culture des plantes les plus rares et les plus méritantes nouvellement introduites en Europe. Ouvrage complet en 4 gros vol. grand in-8o ornés de 432 planches coloriées et de fig. dans le texte. 50 fr.

Jardin fruitier. — L'Ecole du jardin fruitier, qui comprend l'origine des arbres fruitiers, le choix, la plantation, la transplantation des arbres; les pépinières, les greffes, la taille et les formes qu'on peut donner aux arbres fruitiers, etc., par DE LA BRETONNERIE, 1784 et autres dates. 2 vol. in-12 reliés ou brochés. 6 fr.

Jardin fruitier du Muséum, ou iconographie de toutes les espèces et variétés d'arbres fruitiers cultivés dans cet établissement, avec leur description, leur histoire, leur synonymie, etc., par J. DECAISNE. Cet ouvrage paraît par livraisons in-4o de 4 planches supérieurement gravées et coloriées avec texte. La 83e livr. vient de paraître. Prix de la livr. 5 fr.

Jardinage (*La pratique du*), par Roger SCHABOL. 2 vol. in-12 reliés. (*Rare et recherché.*) 6 fr.

Jardinage (*La théorie du*), par l'abbé Roger SCHABOL. 1 vol in-12 relié. (*Rare et recherché.*) 3 50

Jardinage (*Manuel de*), par COURTOIS-GÉRARD, 6e éd. 1 vol. in-18. 3 50

Jardinier amateur. — Petit dictionnaire manuel du jardinier amateur, par Moléri. 1 vol. in-18. 2 50

Jardinier. — Le Nouv. Jardinier ill., par Lavallée, Neumann, Verlot, Courtois-Gérard, Burel, etc. 1 vol. in-18 orné de 500 fig. dans le texte. 7 fr.

Jardinier des fenêtres, des appartements, etc, par Rémy. 4e édit. 1 vol. in-18. 3 50

Jardinier fruitier (*Le*). Principes simplifiés de la taille des arbres fruitiers, par E. Forney. 2 vol. in-8. fig. 8 fr.

Jardinier multiplicateur (*Guide pratique du*), ou Art de propager les végétaux par semis, boutures, greffes, etc., par Carrière. In-18. 3 50

Jardinier solitaire (*Le*), ou Dialogues entre un curieux et un jardinier solitaire, contenant la méthode de faire et de cultiver un jardin fruitier et potager. etc., 1 vol. in-12 relié. (*Ancien et rare.*) 3 fr.

Jardins. — Manuel de l'amateur des jardins. Traité général d'horticulture, par Decaisne et Naudin. 1re partie. 1 vol. in-8 orné de 203 fig. dans le texte. 7 50

Jardins (*Traité de la composition et de l'ornement des*), avec 161 pl. représentant, en plus de 600 fig., des plans de jardins, des machines pour élever les eaux, etc. 6e édit. 2 vol. in-4 oblong. 25 fr.

Jardins d'agrément. — Tracé et ornementation, par Bona, 3e édit. 1 vol. in-18 orné de 238 fig. 2 50

Jardin potager (*L'École du*), qui comprend la description des plantes potagères, les qualités de terre et les climats qui leur sont propres, etc.; la manière de dresser et conduire les couches, et d'élever des champignons en toutes saisons, par de Combles. 2 vol. in-12 reliés. (*Rare.*) 6 fr.

Légumes coloriés (*Album de*), par Vilmorin-Andrieux. 13 planches sont en vente. Chaque planche se vend séparément. 3 fr.

Maladies des arbres fruitiers. Moyen très-simple de les prévenir et de les guérir, par Lahaye. 1re partie: *Arbres à pepins*. In-8°. 1 50

Melons (*Traité complet de la culture des*), par Loisel. 3e éd. 1 25

Melon et Concombre. — Leur culture forcée, par le comte de Lambertye. In-8°. 1 25

Œillets (*Culture des*), par Ragonot-Godefroy. In-12, fig. 2e éd. 1 25

Oignons à fleurs coloriés (*Album d'*), par Vilmorin-Andrieux. 4 livraisons sont en vente. Chaque planche se vend séparément. 4 fr.

Parcs et Jardins. — Prix de règlement ou tarif des travaux de jardinage, de plantations, d'exploitat. des forêts, etc., par Lecoq. Gr. in-8. 3 fr.

Pêcher en espalier carré (*Pratique raisonnée de la taille du*), par Al. Lepère. 5e édit. 1 vol. in-8 avec 8 planches. 4 fr.

Pelargonium, par Thibault. 1 vol. in-18. 1 25

Pensée (*La*), la **Violette**, l'**Auricule** ou Oreille-d'Ours, la **Primevère**. Histoire et culture, par Ragonot-Godefroy. in-18, fig. col. 2 fr.

Pépinières, par Carrière. 1 vol. in-18. 1 25

Plantes, Arbres et Arbustes (*Manuel général des*). Description et culture de 25,000 plantes indigènes d'Europe ou cultivées dans les serres; par MM. Hérincq et Jacques, pour les trois premiers volumes, et Duchartre, pour le 4e volume. 4 vol. petit in-8 à 2 colonnes. 36 fr.

Plantes de serre froide, par de Puydt. 1 vol. in-18. 1 25

Plantes de terre de bruyère. — Description, histoire et culture des rhododendrons, azalées, camellias, bruyères, épacris, etc., par E. André. 1 vol. in-18 orné de 30 fig. 3 50

Poires. — Quarante poires pour les dix mois de juillet à mai. — Monographie divisée en quatre séries de dix poires, dont la maturation s'effectue pendant chacun des mois de juillet à mai, etc., par P. de Mortillet, 2e édit. 1 vol. in-8 avec 40 fig. au trait de grandeur naturelle. 3 50

Poirier (*Taille du*) **et du Pommier** en fuseau, par CHOPPIN. 1 vol. in-8, fig., 3e édition. 3 fr.

Pomologie. — Dictionnaire de pomologie, contenant l'histoire, la description, la figure au trait des fruits anciens et modernes les plus généralement connus et cultivés, par André LEROY, pépiniériste.

Ce dictionnaire formera cinq volumes grand in-8; **les Poires**, qui à elles seules en composent deux, seront en vente en septembre prochain, et coûteront 5 francs le volume. — On peut souscrire dès aujourd'hui.

Potager moderne (*Le*). Traité complet de la culture des légumes, par GRESSENT. 1 vol. in-18. 6 fr.

Reine-Marguerite (*Culture de la*), par MALINGRE. In-18. 30 c.

Rose (*La*), histoire, culture, poésie, par P.-L.-A. LOISELEUR-DESLONGCHAMPS. 1 vol. in-12, fig. 3 50

Rose (*La*) chez les différents peuples, anciens et modernes; description, culture et propriété des Roses, par CHESNEL, 1838. 1 vol. petit in-18. 1 25

Rosier (*De la Culture du*), avec quelques vues sur d'autres arbres et arbustes, par le comte LELIEUR, 1811. 1 vol. in-12. 1 25

Rosier. — La taille du rosier, sa culture, ses belles variétés, par E. FORNEY. 1 vol. in-18 orné de 52 fig. 2 fr.

Rosier, culture, multiplication. *Voir le* **Jardin fleuriste.**

Rosier, Violette, Pensée, etc., par MARX-LEPELLETIER. 1 vol. in-18. 1 25

Serres (*Art de construire et de gouverner les*), par NEUMANN, 2e éd. 1 vol. in-4 avec 23 pl. grav. 7 fr.

Thermosiphon (*L'Art de chauffer par le*), ou **Calorifère à air chaud**, par A***. 1 vol. in-4, avec 21 planches gravées. 2e édit. 3 fr.

Encyclopédie illustrée du Sportsman.

Bécasse. Le Chasseur à la bécasse, par SYLVAIN (Th. POLET DE FAVEAUX). 1 vol. in-12 orné de 35 figures dans le texte. 3 50

Chasseur infaillible. — Le Chasseur infaillible (*the Dead Shot*) ou Guide complet du sportsman pour l'usage du fusil, contenant des leçons progressives sur le tir de toute espèce de gibier, le tir aux pigeons, le dressage des chiens, par MARKSMAN, traduit de l'anglais sur la 3e édition par Ch. KERDOEL, augmenté d'un appendice sur le tir de la caille, des oiseaux de marais et du gibier de mer. 1 vol. in-18. 3 50

Chevaux. — Conseils aux acheteurs de chevaux, ou Traité de la conformation extérieure du cheval à l'état de santé ou de maladie, avec de nombreuses instructions pour l'appréciation, avant la vente, des vices, défauts, affections, etc., suivi de la loi sur les vices rédhibitoires et la garantie du vendeur, par JOHN STEWART, traduit de l'anglais par le baron D'HANENS. 1 vol. in-18. 3 50

Ecurie. — Economie de l'Ecurie. Traité de l'entretien et du traitement des chevaux (écurie, pansage, nourriture, boisson, travail), par JOHN STEWART, traduit de l'anglais sur la 7e édition par le baron D'HANENS. 1 vol. in-18. 3 50

Cailles, Perdrix, Colins ou Cailles d'Amérique. Guide pratique pour les élever, etc., par ALLARY. Edition augmentée d'un chapitre sur l'*Incubation artificielle*, par A. LEROY. 1 vol. in-18. Fig. 1 50

Chasse. Carnet de chasse. in-18 oblong, joli cartonnage, toile angl. 2 50

Chasse (*La*) **et la Pêche** en Angleterre et sur le continent. Trad. de divers ouvrages anglais, 1842. 1 vol. in 8o, orné de 52 grav. 3 50

Coq de bruyère (*La chasse au*). Histoire naturelle, mœurs, lieux habités par ces oiseaux. L'art de les chercher, de les tirer, de les élever en volière, par Léon DE THIER. 1 vol. in-18. 2 50

Faisans, Canards mandarins, Cygnes, etc. Guide pratique pour les élever, par ARTHUR LEGRAND. 1 vol. in-18 avec fig. 2 fr.

Oiseaux de volière (*Manuel de l'amateur des*), ou Instruction pour connaître, élever, conserver et guérir toutes les espèces d'oiseaux que l'on aime à garder en volière ou dans la chambre, par BECHSTEIN. Trad. de l'allemand sur la 2e édit. 1 vol. in-18. 3 50

Rossignols. Manuel sur l'art de prendre vivants et d'élever les rossignols, par CONORT. 1838. In-18. 2 50

Venerie (*La*) **de Iacqves dv Fovillovx,** seignevr dvdit lieu, gentilhomme du pays de Gastine en Poictov, dédié av Roy. De nouueau reueüe, augmentée de la méthode pour dresser et faire voler les oyseaux, par M. DE BOISOUDAN, précédée de la biographie de Jacques du Fouilloux, par M. PRESSAC. 1 vol. in-4o orné de nombr. grav. et de lettres ornées. 15 fr.

Evreux, A. HÉRISSEY, imprimeur. — 266.

OUVRAGES DU MÊME AUTEUR

Régénération de la Vigne par une nouvelle plantation, la plus conforme aux lois connues de la végétation. Brochure in-18. Prix : 75 c. ; *franco*. 1 fr.

Tableau Cep. Résumé des opérations à suivre pendant le cours de la végétation de la vigne et étude de la rupture des bourgeons à l'état herbacé. Prix : 50 c. ; *franco*. 60 c.

Notions élémentaires d'arboriculture à la portée de tout le monde, conseils pratiques. In-18 orné de 31 fig. dans le texte. Prix : 1 fr. ; *franco*. 1 10

Ces ouvrages seront expédiés sur demande *affranchie*, et contre l'envoi de leur valeur en un mandat-poste.

S'adresser, soit à l'auteur, soit à M. Auguste Goin, éditeur, rue des Écoles, 82, seul dépositaire, à Paris, des ouvrages de M. Trouillet.

Pour les demandes de renseignements, écrire directement à M. Trouillet (*Affranchir*).

Evreux, A. Hérissey, imp. — [illegible].

www.ingramcontent.com/pod-product-compliance
Ingram Content Group UK Ltd.
Pitfield, Milton Keynes, MK11 3LW, UK
UKHW020310180726
13839UKWH00001B/429

9 782329 426358